U0093793

不開火
搞定
一日三餐
悶燒杯×美食鍋
94道省時省力省錢一人料理
Simple food , Easily do
零廚藝小廚娘
張涵茵 Lidia / 著

作者序 /

美味的健康生活，一杯（鍋）搞定！

近年來，令大眾人心惶惶的食安問題，宛如未爆彈，一次次地重擊民眾的健康，以及對外食的信心，然而，忙碌是現代人共同面臨的生活型態，即使想要安心吃頓飯，卻不得不選擇隱藏各種食安危機的外食。

吃得健康、吃得安心，是飲食最基本的初衷，身為新手媽媽，我最擔心的就是孩子暴露在飲食危機當中，因此，我堅持親自下廚，為全家人的飲食健康把關；然而，在忙碌的生活中還要張羅一日三餐，美味和便利性也變得不可或缺。

要如何做出省時省力又不破壞食物美味的料理呢？無論是忙於工作的上班族、奔波於校園和補習班的學生或身兼多職的主婦，每天吃到便宜、美味、健康三合一的料理是大家共同的心聲。

本書介紹的「燜燒杯」和「美食鍋」很少被當作主要的廚具，燜燒杯過去多用來燜煮寶寶吃的副食品，尤其媽媽帶小孩外出時，只要將食材放入燜燒杯，注入熱水，燜煮一段時間，打開蓋子後便能立即食用；而美食鍋通常只用來蒸包子、加熱便當時，才會拿出來用。

然而，燜燒杯和美食鍋只有這個用途嗎？

其實，燜燒杯和美食鍋比想像中更實用，除了能煲煮養生湯品、燉煮美味料理；舉凡粥麵、海鮮、肉類、蔬菜、甜品都能善用燜燒杯和美食鍋做出來。

因此，燜燒杯和美食鍋不僅可以當料理器具中的主角，也可以是畫龍點睛的輔助工具。而且料理方式安全、簡易又多元，少了油炸易產生的致癌物質，能讓身體吃得更健康；更擁有優越的導熱和保溫功能，幫努力生活的小資族群節省不少瓦斯費和電費。

對單身人士來說，外出如果自備便當，還必須自己煮飯燒菜，出門在外也要使用電鍋或微波爐加熱，若帶燜燒杯，只要打開蓋子即能享用熱騰騰的美味料理；即使在家準備三餐，一只美食鍋也能做出燒、煮、燉、滷等料理，無須鍋鏟和瓦斯爐，用途多、省空間，料理也能千變萬化。

這本書希望大家都可以在忙碌之餘，還能輕鬆下廚、吃到美味的料理。食譜中更教大家認識台灣本土的優良食材，多多支持辛勤農夫種植、生產的新鮮蔬果，並傳授讀者挑選食材小撇步，讓大家都能買到尚青的肉類、海鮮和蔬果。

此外，本書也發揮小資精神，教大家利用剩餘食材變換出各式各樣的料理，才不會發生煮食後，剩下來的食材面臨發霉、丟掉的窘境；書中也提供多道醬汁食譜，利用下廚常用的調味料和配料，做出變化多端的醬汁，改善一成不變的料理口味。

因應追求健康的潮流，現在茹素者也越來越多，就連熱愛美食的我，也偶爾會煮出一桌素食，幫全家人淨化一下腸胃；因此，本書也兼顧素食人士的飲食需求，令每道食譜都能迅速變成素食料理，或是利用原有的素食食材，變化出其他素料理，讓吃素的人也可以利用燜燒杯和美食鍋，豐富每日的餐桌。

請讓書中的料理改變大家的飲食生活吧！無論你是單身族、套（雅）房族、小家庭等，在上班、野餐、旅行時，不需要再緊張地看著爐火，只需將食物放入鍋中，好整以暇地等候一段時間，美食立現！

快翻開本書，就能立即體驗充滿便利和趣味的饗樂生活！你會發現烹煮美食其實比想像中簡單！

零廚藝小廚孃（知名部落客）**張涵茵** Lidia

作者序 美味的健康生活，一杯（鍋）搞定！ 003

使用說明 立刻翻、快易煮 012

燜燒杯使用指南

Chapter 1 燜燒杯煮湯！一個人也可以熱熱喝！

無論是海鮮清湯、蔬菜燉湯、濃郁羹湯，轉開蓋子就能趁熱喝～

Menu 1. 海鮮蒟蒻湯 022
Menu 2. 冬瓜竹筍銀耳湯 024
Menu 3. 冬瓜菠菜羊肉羹 026
Menu 4. 竹筍木耳湯 028
Menu 5. 燉煮蘿蔔海帶湯 030
Menu 6. 鄉村野菜湯 032
Menu 7. 川味酸辣湯 034
Menu 8. 番茄蛋花湯 036
Menu 9. 紅蘿蔔排骨玉米湯 038

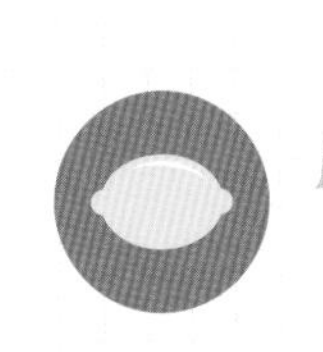

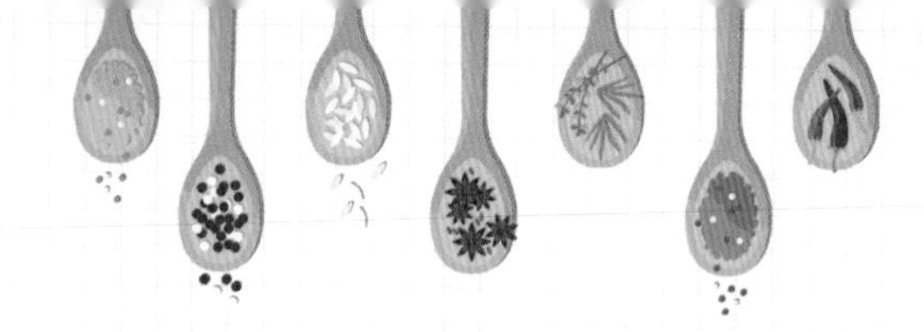

Chapter 2 燜燒杯熬粥！絕佳口感吃得出來！

各種五穀甜粥、藥膳煲粥、生鮮煮粥，每粒米都煲得綿密入味～

Menu 1. 奶香紫米粥 …… 042

Menu 2. 南瓜糙米粥 …… 044

Menu 3. 鮮奶麥片粥 …… 046

Menu 4. 山藥枸杞蓮子粥 …… 048

Menu 5. 紅棗薏仁粥 …… 050

Menu 6. 夏枯草瘦肉粥 …… 052

Menu 7. 鮮魚香菇粥 …… 054

Menu 8. 桂圓蓮子紅棗粥 …… 056

Menu 9. 枸杞山藥雞肉粥 …… 058

Menu 10. 蝦仁糯米粥 …… 060

Menu 11. 鮮百合南瓜粥 …… 062

Menu 12. 蜂蜜牛奶玉米粥 …… 064

Menu 13. 香甜地瓜小米粥 …… 066

Menu 14. 生滾豬肝粥 …… 068

Menu 15. 清脆芹菜粥 …… 070

Menu 16. 補鐵菠菜粥 …… 072

Menu 17. 強身蒜頭粥 …… 074

Menu 18. 健胃蠶豆粥 …… 076

Menu 19. 黃瓜綠豆粥 …… 078

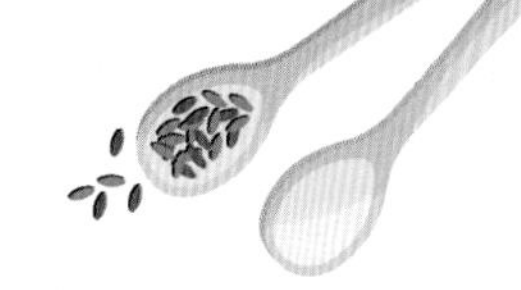

Menu 20. 什錦杏仁粥 …… 080
Menu 21. 小米山楂粥 …… 082
Menu 22. 黃豆芝麻糙米粥 …… 084

Chapter 3 只要加水栓緊燜燒杯蓋子！元氣養生茶誕生！

飯後來杯養生茶、舒眠減壓茶、花草茶，每一杯都泡出茶香四溢～

Menu 1. 雲南普洱蜜茶 …… 088
Menu 2. 地黃山楂茶 …… 090
Menu 3. 宮廷珍珠茶 …… 092
Menu 4. 紅棗菊花茶 …… 094
Menu 5. 蜂蜜枸杞苦丁茶 …… 096
Menu 6. 蜜香薏仁綠茶 …… 098
Menu 7. 檸檬草苦瓜茶 …… 100
Menu 8. 茯苓桂枝甘草茶 …… 102
Menu 9. 玫瑰蜂蜜茶 …… 104
Menu 10. 三花減壓茶 …… 106
Menu 11. 雙花山楂茶 …… 108
Menu 12. 茯苓杏仁桂萍茶 …… 110
Menu 13. 桂花枸杞茶 …… 112
Menu 14. 首烏丹參綠茶 …… 114

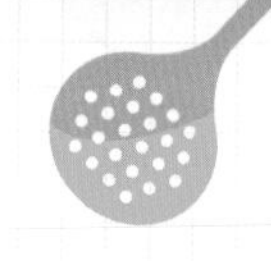

Chapter 4

一鍵煲湯難不倒！湯好料足好味到！

份量飽足的煲湯，當作一個人的主食、兩個人的湯品都適用～

Menu 1. 紅豆煲鯉魚粉絲 122
Menu 2. 紅棗花膠燉烏骨雞 124
Menu 3. 羊肉白菜湯 126
Menu 4. 酸筍蔥雞湯 128
Menu 5. 牛肉煲地瓜湯 130
Menu 6. 草魚豆腐湯 132
Menu 7. 羊肉海參湯 134
Menu 8. 猴頭菇煲雞湯 136
Menu 9. 薑母鴨 138
Menu 10. 雪梨紅棗銀耳湯 140

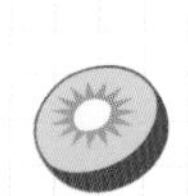

Chapter 5 蔬食料理一鍋搞定！鎖住營養和風味！

醬燒、燴煮、涼拌、清蒸各式蔬食，讓每餐的蔬菜攝取都呷夠夠～

Menu 1. 辣醬燒煮馬鈴薯 …… 144
Menu 2. 芹菜海帶蘿蔔卷 …… 146
Menu 3. 香菜燉冬瓜 …… 148
Menu 4. 咖哩燉馬鈴薯 …… 150
Menu 5. 鮮香菇拌豆苗 …… 152
Menu 6. 紅蘿蔔燉海帶 …… 154
Menu 7. 川味椒香拌乾絲 …… 156
Menu 8. 蔥香山藥燴杏鮑菇 …… 158
Menu 9. 蒜泥蒸茄子 …… 160
Menu 10. 薏仁蒸雞蛋 …… 162
Menu 11. 芝麻醬拌菠菜 …… 164
Menu 12. 茄汁燴白花椰 …… 166
Menu 13. 四季豆燒茄子 …… 168
Menu 14. 洋蔥燴甜椒 …… 170
Menu 15. 芹菜燒秀珍菇 …… 172
Menu 16. 番茄煮花椰 …… 174
Menu 17. 紅蘿蔔煮青豆 …… 176
Menu 18. 金針菜燴木耳 …… 178

6 肉類海鮮交給美食鍋！菜鳥也能變大廚！

清燉、清蒸、紅燒、滷煮各種肉類海鮮，一鍋煮出多變化～

Menu 1. 蘋果里肌夾鮮蔬 182
Menu 2. 蝦仁燉煮絲瓜 184
Menu 3. 枸杞蝦皮蒸雞蛋 186
Menu 4. 豆香清燉雞翅 188
Menu 5. 花生黃瓜拌肉絲 190
Menu 6. 燉煮絲瓜蟹肉棒 192
Menu 7. 柚香鮮蔬燉雞肉 194
Menu 8. 紅燒香 Q 滷豬蹄 196
Menu 9. 清蒸鱸魚 198
Menu 10. 清蒸黃魚 200
Menu 11. 紅燒白帶魚 202
Menu 12. 香菜清燉肉丸 204
Menu 13. 蓮藕燉豬蹄 206
Menu 14. 柚香鮮干貝 208
Menu 15. 紅棗百合燉豬肉 210
Menu 16. 鳳梨蓮藕燉豬肉 212
Menu 17. 蛤蜊燉海帶 214
Menu 18. 南瓜肉丸米粉湯 216
Menu 19. 番茄蟹肉燴魚片 218

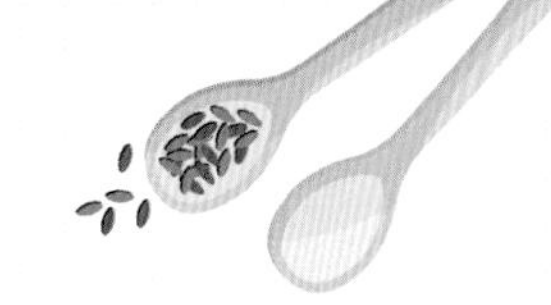

Menu 20. 栗子雞煲 220
Menu 21. 巴蜀海陸麻辣燙 222

附錄 燜燒杯 × 美食鍋7日懶人料理！雙重美味更升級！

不用外出人擠人買便當買到大粒汗小粒汗，住家或辦公室隨時快易煮～

Menu 1. Day1 紫菜蛋花湯 ⊕ 南瓜燒肉飯糰 226
Menu 2. Day2 綠豆薏仁湯 ⊕ 紫蘇牛蒡飯糰 227
Menu 3. Day3 火腿芥菜湯 ⊕ 海苔燒肉飯糰 228
Menu 4. Day4 油菜豬肉湯 ⊕ 地瓜紫米甜飯糰 229
Menu 5. Day5 冰糖麥芽粥 ⊕ 蔬菜蒟蒻湯麵 230
Menu 6. Day6 香甜薏杏湯 ⊕ 老北京炸醬麵 231
Menu 7. Day7 蘿蔔牛腩麵 ⊕ 麻辣嗆三絲 232

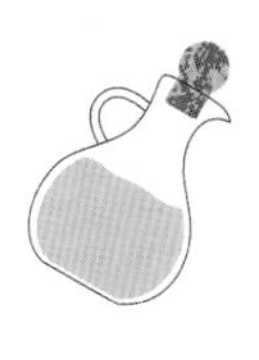

USER'S GUIDE

使・用・說・明

立刻翻、快易煮

利用燜燒杯和美食鍋發掘下廚樂趣，

創造美味、便利、健康的饗樂生活

料理器具使用指南

快速認識器具功能

對使用的燜燒杯或美食鍋的材質能有基本認識，並針對其材質所發揮的導熱和燜煮效能有所了解。

圖示構造一目了然

燜燒杯與美食鍋的基本構造，可從書中的示意圖清楚呈現。

放入食材 → 注入熱水 →

健康、好味、方便、省錢

燜燒杯使用指南

燜燒杯讓料理變簡單了

燜燒杯可隨身攜帶，烹煮時不需要用電和瓦斯，不僅可節省電費、瓦斯費，使用也更加安全無虞。但在使用之前，必須了解燜燒杯的特性、掌握燜燒杯的運用方式，就能輕鬆變換各種料理，讓三餐食得健康又安心。

燜燒杯主要構造

為了保持燜燒杯的內部溫度，材質需有維持熱能、保溫、隔熱等特性，以下即為燜燒杯構造介紹：

上蓋

真空構造

杯身

12

❶ 上蓋：為隔熱構造，方便扭轉打開。

❷ 杯身：不鏽鋼材質，耐用、抗腐蝕、好清洗，同時增強保溫效果。

❸ 真空構造：真空設計能延長保溫效果，即使不用電也能防止溫度下降，並將食物燜煮成熟食。

燜燒料理小筆記

燜燒杯的材質能有效留住高溫，利用注入的滾水或熱湯將食物燜煮至熟，達到節能的功效；此外，造型輕巧的燜燒杯也可以隨身攜帶，彷彿貼身的移動小廚房，隨時隨地都能享用熱呼呼料理。

然而，使用燜燒杯之前，必須掌握幾項要領，才能確實將食材煮熟，並且保持燜燒杯的使用效能，以下即列出燜燒杯的煮食技巧：

❶ 燜燒杯的杯體內側通常會有一條水位線，盛裝食物、飲品或注入熱水時，不可超過水位線；若過量盛裝，以內蓋加以密封或旋緊上蓋時，將使內容物溢出而導致燙傷。

❷ 若購買的燜燒杯無清楚標示水位線，請將食物、飲品或熱水裝至內蓋下方一公分處。

❸ 欲發揮燜燒杯最佳的保溫效能，食材放入燜燒杯後，請先注入適量熱水，略微搖晃後，靜置1～5分鐘後倒出，此熱杯動作能預熱杯內溫度，加強燜燒時的保溫效果；亦可使食材均勻受熱，並去除食材本身可能帶有的腥味，如為腥味較重的海鮮和肉類，可重複熱杯2～3次，即可達到汆燙去腥的目的。

❹ 注入燜燒杯所使用的熱水或高湯應為100℃以上，以確保其熱度能燜熟食材。

❺ 用於燜燒杯之食材，適宜切成丁或小塊狀，以提高燜燒時的效率。

❻ 燜煮好的熟食，應於2小時內盡速食用，以確保新鮮美味。

❼ 使用過的燜燒杯，應立刻拆解清洗，但要避免浸

13

烹煮技巧小筆記

用於煮食之注意事項

關於烹煮要注意的盛裝量、燜煮時間，以及如何提高煮食效率皆有清楚說明。

幫料理加分的美味撇步

列出不同食材種類的處理方式，給予最美味的煮食建議。

器具的保養建議

NO！不當使用愛注意

熟知禁止事項，以免錯誤的使用方式會折損燜燒杯和美食鍋的壽命。

保持器具清潔的重要性

內部皆為不鏽鋼材質的燜燒杯和美食鍋，不用費力刷，就能溫和洗淨。煮食後的清洗很EASY，沾鍋、水漬、鏽斑清洗也有訣竅。

泡在水中，並且不能使用菜瓜布或金屬類等製品刷洗，以免對材質造成損害；建議以海綿沾取中性洗劑，充分清洗後晾乾之。

8. 燜燒杯不宜重摔或碰撞，以免導致杯體變形、損壞，並使杯蓋無法拴緊密合，進而影響燜燒效果，所以，經強烈撞擊而致變形的燜燒杯不宜再作為煮食器具。

NO! 別對燜燒杯這麼做

燜燒杯的材質相當耐用，只要依照正確的使用規範，燜燒杯的壽命相當長；但其也有脆弱的一面，以下即列舉出使用燜燒杯需避免的錯誤：

1. 請勿放入烤箱、微波爐和烘碗機等電子產品：燜燒杯為不鏽鋼製的金屬器皿，若放入烤箱或微波爐中會產生火花，造成危險；烘碗機的熱度也可能使塑料變形，影響保溫效果。
2. 請勿置於高溫熱源旁：燜燒杯不宜放在瓦斯爐、烤箱等溫度高的用品旁，以免使其變形、變色或烤漆脫落。
3. 勿將配件置於沸水中煮沸：大多數的燜燒杯皆可將上蓋、內蓋、矽膠圈等配件分別拆解以清水清洗，但若放置沸水中煮，可能因高溫而造成配件變形，導致滲漏、汙染等情形。
4. 勿盛裝酸性飲品：燜燒杯應避免裝入乾冰和可樂、汽水等碳酸飲料，以免杯內壓力上升，造成飲料噴出或內蓋打不開的情形；酸梅汁和檸檬汁等酸性飲料具有腐蝕性，易降低燜燒杯的保溫效果；此外，也不建議盛裝牛奶、優酪乳等乳製品或現榨果汁，此類飲品本身較容易產生質變，故應避免飲品長時間處於密閉容器中，而導致腐壞。
5. 勿用特殊洗劑清洗：燜燒杯不可使用稀釋劑、揮發油、金屬刷等進行清洗，以免產生擦傷、生鏽等不良影響。
6. 勿用漂白劑清洗：真空保溫的杯身或外側可能於清洗時造成烤漆脫落，進而影響保溫、保冷的功能。
7. 勿浸泡於水中：水分若滲入不鏽鋼金屬、塑料之接合縫隙間，可能會導致生鏽，並影響保溫功能。

14

選購最實用的料理神器

品質良莠不齊的隱藏危機

類似產品百百種，價格差異卻很大，本書要教大家選出最適用的燜燒杯和美食鍋，並且分辨各項產品的優劣。

材質挑選有一套

針對燜燒杯和美食鍋的材質，解說其功能和效用，並教大家挑選優質的不鏽鋼和塑料，同時具有良好隔熱、保溫和安全性的產品。

8. 勿將燜燒杯食物保存過久：燜燒杯通常用於燜煮熱食，但並不能用來保鮮，因此，罐內盛裝的熟食應盡量於2小時內食用完畢，以防食物變質或腐壞。

燜燒杯選購建議

市面上販售的燜燒杯價格差異相當大，從幾百元到上千元的價位皆有；然而燜燒杯顧名思義，即具有長時間保持高溫的效能，才能將食物燜煮至熟，故在挑選上應特別注意保溫效果。此外，消基會曾抽檢發現，市面上的燜燒、保溫杯良莠不齊，有多件產品隱含塑化劑和重金屬危機，故以下即列出挑選燜燒杯的注意事項供讀者參考，協助大家都能買到合格、無毒的保溫產品。

1. 塑料材質：市面上的燜燒杯，杯蓋含有塑料，通常以PP聚丙烯（耐熱約130℃）和耐熱矽膠（耐熱約200℃）為佳；但有不肖業者摻入塑化劑，讓塑膠變得較柔軟，與瓶身的密合度更高，但當民眾倒入熱水，就有可能溶出塑化劑、傷害健康。故挑選時，應細看產品是否具備未驗出塑化劑的合格檢驗報告。
2. 不鏽鋼材質：保溫產品的材質多為不鏽鋼，但不鏽鋼分成很多種，如含錳過高的200系列不鏽鋼材質，耐酸蝕程度較差，遇酸或遇熱時可能會溶出，故購買前最好注意標示，才能確保使用安全。304或316則是目前市面上品質較好的不鏽鋼材質，不僅防鏽、延展性佳，更因此添加8%～10%以上的耐腐蝕、不易氧化的鎳元素，也具有極佳的耐酸蝕特性，因此，較實用的不鏽鋼器皿，多半使用304和316為原料。

了解如何選購燜燒杯後，即可開始動手燜煮食物，而本書食譜中所建議使用的燜燒杯容量各不相同，且食譜中的圖片為參考示意圖，燜煮時應視燜燒杯的容量大小和個人喜好，酌量增減食材比例；此外，書中所使用的計量單位：1大匙約為15ml，1小匙為5ml。對燜燒杯的有上述的基本認識後，即可開始動手烹調各式料理囉！

15

美食鍋不敗料理輕鬆 Do

控制美食鍋的開關

美食鍋的開關可控制高溫和低溫，可依照煮食情形調節之，善用溫度調節，才能避免煮不滾、煮不熟、空燒沾鍋、燒焦，甚至毀損美食鍋等情形。

⑩ 水加太少、食材聚集成團、材料放太多、太滿，皆可能導致溫度加熱不均勻，以致溫度開關跳脫；因此，煮食前，應先將食材均勻擺開後再加熱，放入鍋中的分量也應控制在七分滿左右。

NO! 別對美食鍋這麼做

美食鍋的用途雖然相當廣泛，蒸、煮、滷、燉都適用，水煮、汆燙、加熱也很方便，但有些使用上的事項須注意，以下即列舉出使用美食鍋的禁止事項：

1. 請勿放入烤箱、微波爐和烘碗機等電子產品：美食鍋為不鏽鋼製的金屬器皿，若放入烤箱、微波爐或烘碗機中，可能產生火花，造成危險。
2. 請勿利用瓦斯爐、電磁爐或黑晶爐等加熱：美食鍋不宜放在瓦斯爐、電磁爐或黑晶爐等加熱電源上，以免導致產品損壞。
3. 勿將產品置於水中浸泡：美食鍋請勿置於水中浸泡，避免水分滲入美食鍋內部、電源開關及電源底座等內部零件。
4. 不可用於煎、炸：美食鍋用於油炸易使食物沾黏於鍋底，導致鍋子的材質損壞而不堪使用。
5. 請勿過度刷洗：美食鍋不可使用強力清潔洗劑或金屬製刷具進行清洗，以免損壞外觀，或有加熱不均的情形。

用美食鍋做出不敗料理

使用美食鍋烹煮食材的你，是否曾遇到加熱功能突然停止、斷電、煮不滾、煮不熟或燒焦等情形呢？錯誤的料理方式會讓美食鍋受損，美味也大打折扣，故本書幫大家整理出煮食的不敗守則，讓每一道被你經手的料理都能信心滿滿地端上桌。

1. 加熱開關的掌控：遇到煮不滾的情形，先觀看加熱開關是否開到最高溫，再將鍋蓋蓋上，使內容物更快煮滾；因美食鍋的導熱相當快速，若開關確實轉至最高溫，通常很快就會煮沸。此外，若須以蔥段或蒜末入鍋爆香時，溫度不宜過高，以免因高溫而使加熱停止，建議用中低溫略微煎過

114

後，即加水滾煮，避免乾燒過久而損壞鍋子。除少量蔥段和蒜末外，肉類、海鮮或分量較多的蔬菜禁止以空鍋乾炒或乾煎，以免造成大面積的沾鍋，而發生燒焦情形。

2. 鍋內要隨時保持適量水分：大多數的美食鍋都有自動斷電的安全設置，這是在鍋子因空燒或溫度過高時，自動關閉電源的安全性措施，故無論是滷、蒸、煮時，都要讓鍋內有足夠水量，防止因空燒斷電。
3. 讓食材均勻受熱：尚未完全解凍的食材，若直接丟入湯汁或滾水中煮，會使食材受熱不均，而有生熟不一的情形；故煮食時，應徹底解凍食材，並讓食材均勻分散在鍋內加熱。
4. 煮食分量的拿捏：市面上的燜燒鍋容量各有差異，故應依據購買容量，控制鍋內材料最多裝至七分滿，以免食物或湯汁溢出，而誤流至電源開關或因分量太多而遲遲煮不滾。

美食鍋選購建議

俗話說：「工欲善其事，必先利其器。」美食鍋的品牌、種類百百款，購買前務必要細細挑選一番。美食鍋的稱呼並不統一，市面上販售的快煮鍋、蒸煮鍋、電碗、隨行鍋等，都是原理類似的鍋具，以下就教大家如何挑選品質優良的隨行小灶咖。

1. 可調式開關：煮食時需有火力大小的配合，才能煮出有層次的口感和味道，故能夠調節溫度的可調式開關，是煮食不可缺少的配備。
2. 自動斷電裝置：為了避免食物於鍋中加熱過度而燒壞鍋子，防乾燒及開水煮沸後的自動斷電保護裝置，能保護鍋子不因高溫損壞，並增加安全性。
3. 隔熱設計：挑選美食鍋時，最好選擇有隔熱效能的鍋蓋和鍋身，以免不小心被燙傷。
4. 密合度高的把手：以手握取的設計雖然簡便，但隔熱把手必須緊密貼合鍋身，不得有鬆動不牢靠的情形。

以上即為購買時的參考事項，能協助大家挑選一只輕便好用的美食鍋，有了實用的美食鍋，就可以隨時隨地開啟便利下廚的饗樂生活了。

115

保持美食鍋內有適量水分

鍋內應保持適當水量，以免水量太多而導致滾煮時溢出，水量過少則造成空燒傷鍋。

煮出快熟料理的訣竅

任何食材分切成適當大小，以免太大塊、太厚而煮得慢又煮不熟。

不多不少就是要煮得剛剛好

無論是美食鍋或燜燒杯，食材份量應符合使用容器之容量，不宜貪心裝太滿，否則會使湯汁溢出，或因食材間的密度太高而煮不熟。

低卡零負擔的溫暖好湯
海鮮蒟蒻湯

家常美味輕鬆做

時間、份量、花費一覽無遺

每道食譜需要的花費、份數和煮食時間皆清楚標示，讓你更能控制料理預算和烹調時間。

從食材準備到完成料理

每道料理會用到的材料和步驟作法，皆有清楚指示，按部就班跟著做，美味不漏勾。

安心選用好食材

食材的來源和挑選

認識食材的產地履歷和來源，了解當季盛產的蔬果後，再教大家如何挑選新鮮優質的食材。

剩餘食材不浪費

利用烹煮過程中剩下的食材，做出意想不到的新料理。

替換食材或料理素素看

將食譜中的葷食材料換成素食材料，變化葷素皆宜的菜色；或以食譜中的原有材料，變換成各式各樣的素料理。

Chapter 1

食在好源頭
透抽

現撈的透抽雖然新鮮，但離開海水後，鮮度就會迅速流失，故在海域捕獲後，需立即在漁船上快速活體冷凍，以保留最鮮甜的口感。以澎湖海域而言，每年5月到10月為主要產季，此時可多加選購澎湖直送的新鮮透抽。

選購食材小撇步

挑選透抽，首先要留意眼睛是否黑白分明，肉質緊實有光澤，吸盤串光滑有彈性，口感才會鮮甜軟嫩。若外表的薄膜掉脫剝落，眼球混濁不清，則為不新鮮的象徵。

省很大！剩餘食材再利用~五味醬透抽

作法：將剩下的透抽切成圈段，以滾水汆燙約1分鐘即熟，燙熟的透抽放涼後，裝在保鮮盒冷藏可保存兩天，蘸五味醬或美乃滋即能迅速變成開胃菜或下酒菜。

五味醬method 薑末1大匙、蒜末1大匙，加適量醬油拌勻；接著加入番茄醬2大匙、烏醋1大匙拌勻，最後拌入蔥花即完成蘸醬。

換個食材素素看

以素花枝圈代替透抽放入燜燒杯中，不要加蔥花，即可輕鬆變換成素食湯品。但市售的素花枝多為冷凍包裝，務必要完全退冰後，再放入燜燒杯中，才不會降低燜燒杯內的溫度，導致燜不熟。

17

川味酸辣湯
海鮮蒟蒻湯
竹筍木耳湯

一個人租房在外，經常以外食為主，
有時候想多買一碗湯配著喝，卻捨不得花錢；
此時，燜燒杯就是你的個人小湯鍋，
只要準備簡單食材和熱水，
就可以煮出多種 1 人份湯品，不怕煮太多喝不完，
也不需要多花錢買外面。

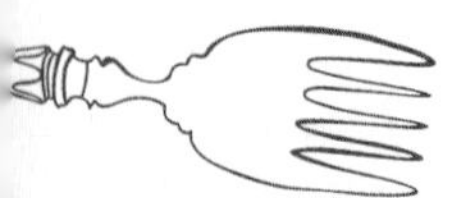

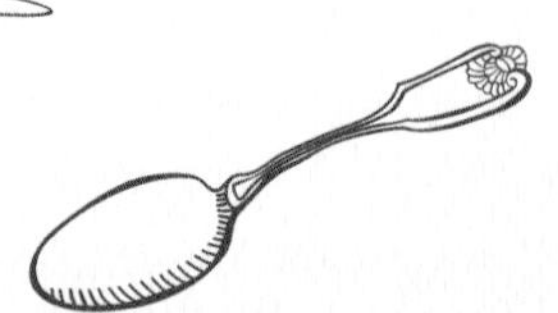

Chapter 1

燜燒杯煮湯！一個人也可以熱熱喝！

無論是海鮮清湯、蔬菜燉湯、濃郁羹湯，

轉開蓋子就能趁熱喝～

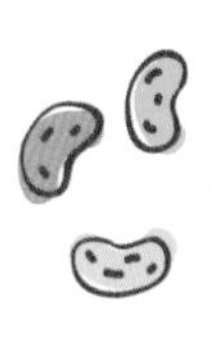

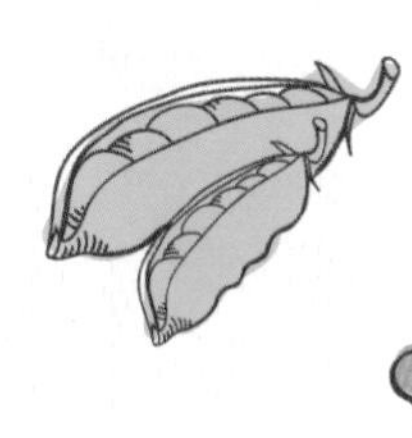

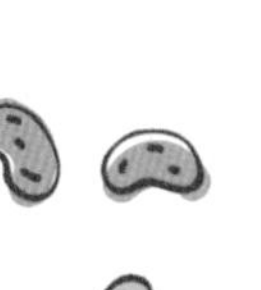

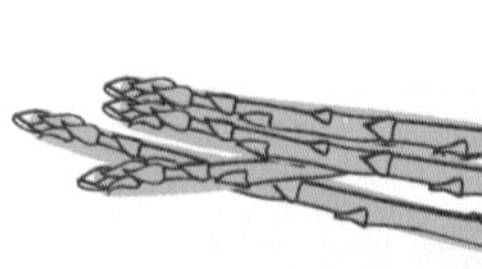

健康、好味、方便、省錢

燜燒杯使用指南

燜燒杯讓料理變簡單了

燜燒杯可隨身攜帶，烹煮時不需要用電和瓦斯，不僅可節省電費、瓦斯費，使用也更加安全無虞。但在使用之前，必須了解燜燒杯的特性、掌握燜燒杯的運用方式，就能輕鬆變換各種料理，讓三餐食得健康又安心。

燜燒杯主要構造

為了保持燜燒杯的內部溫度，材質需有維持熱能、保溫、隔熱等特性，以下即為燜燒杯構造介紹：

1. **上蓋**：為隔熱構造，方便扭轉打開。
2. **杯身**：不鏽鋼材質，耐用、抗腐蝕、好清洗，同時增強保溫效果。
3. **真空構造**：真空設計能延長保溫效果，即使不用電也能防止溫度下降，並將食物燜成熟食。

燜燒料理小筆記

燜燒杯的材質能有效留住高溫，利用注入的滾水或熱湯將食物燜至熟透，達到節能的功效；此外，造型輕巧的燜燒杯也可以隨身攜帶，彷佛貼身的移動小廚房，隨時隨地都能享用熱呼呼料理。

然而，使用燜燒杯之前，必須掌握幾項要領，才能確實將食材燜熟，並且保持燜燒杯的使用效能，以下即列出燜燒杯的烹調技巧：

1. 燜燒杯的杯體內側通常會有一條水位線，盛裝食物、飲品或注入熱水時，不可超過水位線；若過量盛裝，以內蓋加以密封或旋緊上蓋時，將使內容物溢出而導致燙傷。
2. 若購買的燜燒杯無清楚標示水位線，請將食物、飲品或熱水裝至內蓋下方一公分處。
3. 欲發揮燜燒杯最佳的蓄熱效能，應將食材放入燜燒杯後，注入適量熱水，略微搖晃後，靜置1～5分鐘後倒出，此熱杯動作能預熱杯內溫度，加強燜燒時的保溫效果；亦可使食材均勻受熱，並去除食材本身可能帶有的腥味，如為腥味較重的海鮮和肉類，可重複熱杯2～3次，即可達到汆燙去腥的目的。
4. 注入燜燒杯所使用的熱水或高湯應為100℃以上，以確保其熱度能燜熟食材。
5. 用於燜燒杯之食材，適宜切成丁或小塊狀，以提高燜燒時的效率。
6. 燜好的熟食，應於2小時內盡速食用，以確保新鮮美味。
7. 使用過的燜燒杯，應立刻拆解清洗，但要避免浸泡在水中，並且不能使用菜瓜布或金屬類等製品刷洗，以免對材質造成損害；建議以海綿沾取中性洗劑，充分清洗後晾乾之。

8. 燜燒杯不宜重摔或碰撞，以免導致杯體變形、損壞，並使杯蓋無法拴緊密合，進而影響燜燒效果，所以，經強烈撞擊而致變形的燜燒杯不宜再作為煮食器具。

NO! 別對燜燒杯這麼做

燜燒杯的材質相當耐用，只要依照正確的使用規範，燜燒杯的壽命相當長；但其也有脆弱的一面，以下即列舉出使用燜燒杯需避免的錯誤行為：

1. **請勿放入烤箱、微波爐和烘碗機等電子產品：**燜燒杯為不鏽鋼製的金屬器皿，若放入烤箱或微波爐中會產生火花，造成危險；烘碗機的熱度也可能使塑料變形，影響保溫效果。

2. **請勿置於高溫熱源旁：**燜燒杯不宜放在瓦斯爐、烤箱等溫度高的用品旁，以免使其變形、變色或烤漆脫落。

3. **勿將配件置於沸水中煮沸：**大多數的燜燒杯皆可將上蓋、內蓋、矽膠圈等配件分別拆解以清水清洗，但若放置沸水中煮，可能因高溫而造成配件變形，導致滲漏、汙染等情形。

4. **勿盛裝酸性飲品：**燜燒杯應避免裝入乾冰和可樂、汽水等碳酸飲料，以免杯內壓力上升，造成飲料噴出或內蓋打不開的情形；酸梅汁和檸檬汁等酸性飲料具有腐蝕性，易降低燜燒杯的保溫效果；此外，也不建議盛裝牛奶、優酪乳等乳製品或現榨果汁，此類飲品本身較容易產生質變，故應避免飲品長時間處於密閉容器中，以免腐壞。

5. **勿用特殊洗劑清洗：**燜燒杯不可使用稀釋劑、揮發油、金屬刷等洗劑和用具進行清洗，以免產生擦傷、生鏽等不良影響。

6. **勿用漂白劑清洗：**真空保溫的杯身或外側可能於清洗時造成烤漆脫落，進而影響保溫、保冷的功能。

7. **勿浸泡於水中：**水分若滲入不鏽鋼金屬、塑料之接合縫隙間，可能會導致生鏽，並影響保溫功能。

8. **勿將燜燒杯食物保存過久：**燜燒杯通常用於加熱食材，但並不能用來保鮮，因此，杯內盛裝的熟食應盡量於2小時內食用完畢，以防食物變質或腐壞。

燜燒杯選購建議

市面上販售的燜燒杯價格差異相當大，從幾百元到上千元的價位皆有；然而燜燒杯顧名思義，即具有長時間保持高溫的效能，才能將食物燜熟，故在挑選上應特別注意保溫效果。此外，消基會曾抽檢發現，市面上的燜燒、保溫杯良莠不齊，有多件產品隱含塑化劑和重金屬危機，故以下即列出挑選燜燒杯的注意事項供讀者參考，協助大家都能買到合格、無毒的保溫產品。

1. **塑料材質：**市面上的燜燒杯，杯蓋含有塑料，通常以PP聚丙烯（耐熱約130℃）和耐熱矽膠（耐熱約200℃）為佳；但有不肖業者摻入塑化劑，讓塑料變得較柔軟，與瓶身的密合度更高；然而，當民眾倒入熱水，就有可能溶出塑化劑、傷害健康。故挑選時，應細看產品是否具備未驗出塑化劑的合格檢驗報告。

2. **不鏽鋼材質：**保溫產品的材質多為不鏽鋼，但不鏽鋼分成很多種，如含錳過高的200系列不鏽鋼材質，耐酸鹼程度較差，遇酸或遇熱時可能會溶出，故購買前最好注意標示，才能確保使用安全。304或316則是目前市面上品質較好的不鏽鋼材質，不僅防鏽、延展性佳，更添加8％～10％以上的耐腐蝕、不易氧化的鎳元素，也具有極佳的耐酸鹼特性，因此，較實用的不鏽鋼器皿，多半使用304和316為原料。

了解如何選購燜燒杯後，即可開始動手燜熟食物，而本書食譜中所建議使用的燜燒杯容量各不相同，且食譜中的圖片為參考示意圖，燜燒時應視燜燒杯的容量大小和個人喜好，酌量增減食材比例；此外，書中所使用的計量單位：1大匙約為15ml，1小匙為5ml；其餘食材則大略以碗、量米杯或個數計算，具有上述的基本認識後，即可開始動手烹調各式料理囉！

低卡零負擔的溫暖好湯

海鮮蒟蒻湯

40分鐘

1人份

約20元

利用好煮快熟的海鮮，創造味道鮮美的湯品…

食材：

透抽 20克(約1/4碗)
蒟蒻 30克(約1/4碗)
蔥、薑 適量
麻油 適量
白胡椒粉 適量
鹽 適量
米酒 適量

作法：

1. 透抽切成圓圈狀；蒟蒻切成小條狀；切適量蔥花、薑絲備用。
2. 取350ml容量的燜燒杯，放入切好的透抽和蒟蒻，注入熱水至淹沒食材，稍微攪拌或搖晃使食材均勻受熱，靜置1分鐘後倒出水分。重複熱杯2～3次。
3. 在燜燒杯中加入適量麻油、米酒和薑絲，並注入沸騰的熱水或高湯至內蓋下方一公分處，拴緊上蓋燜35分鐘後，以適量的鹽、白胡椒粉和蔥花調味後即完成。

食在好源頭
透抽

現撈的透抽雖然新鮮，但離開海水後，鮮度就會迅速流失，故在海域捕獲後，需立即在漁船上快速活體冷凍，以保留最鮮甜的口感。以澎湖海域而言，每年6月到10月為主要產季，此時可多加選購澎湖直送的新鮮透抽。

嚴選食材小撇步

挑選透抽，首先要留意眼睛是否黑白分明、肉質緊密有光澤，摸起來光滑有彈性，口感才會鮮甜軟嫩。若外表的薄膜斑駁脫落，眼球混濁不清，則為不新鮮的象徵。

省很大！剩餘食材再利用～五味醬透抽

作法：將剩下的透抽切成圈段，以滾水汆燙約1分鐘即熟，燙熟的透抽放涼後，裝在保鮮盒冷藏可保存兩天，蘸五味醬或美乃滋即能迅速變成開胃菜或下酒菜。

五味醬method 薑末1大匙、蒜末1大匙，加適量醬油拌勻；接著加入番茄醬2大匙、烏醋1大匙拌勻，最後拌入蔥花即完成蘸醬。

換個食材素素看

左頁食譜中，能以素花枝圈代替透抽放入燜燒杯中，不要加蔥花，即可輕鬆變換成素食湯品。但市售的素花枝多為冷凍包裝，務必要完全退冰後，再放入燜燒杯中，才不會降低燜燒杯內的溫度，導致燜不熟。

優質營養的美容湯品

冬瓜竹筍銀耳湯

50分鐘

1人份

約10元

湯裡有脆甜竹筍、滑嫩銀耳和水嫩冬瓜…

食材：

冬瓜 20克（約1/4碗）
竹筍 30克（約1/4碗）
銀耳 20克（約1大朵）
薑 適量
白胡椒粉 適量
鹽 適量
米酒 適量

作法：

1. 將冬瓜、竹筍和銀耳洗淨後切成小片狀備用。
2. 切好的食材放入350ml容量的燜燒杯中並注入熱水，稍微攪拌或搖晃使食材均勻受熱；接著，拴緊上蓋靜置熱杯5分鐘後，再倒出水分。
3. 於杯內重新注入滾水或高湯至內蓋下方一公分處，約燜45分鐘，加入適量白胡椒粉、鹽和米酒即完成。

食在好源頭 冬瓜

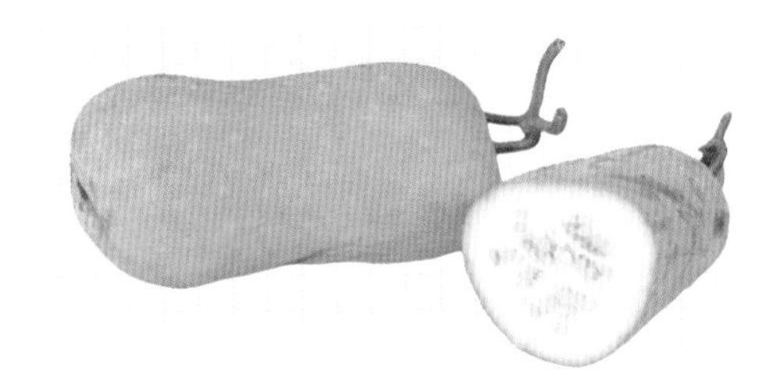

冬瓜是能耐酷暑的蔬菜，愈炎熱的環境，冬瓜生長得愈好。即使在冬季，高雄南部與屏東平原的平均溫度仍然超過20℃，尤其屏東東港溪南邊的沙洲地，出產品質極高的冬瓜，約五個月就能生長至1公尺以上，且口感清甜多汁。

嚴選食材小撇步

新鮮冬瓜的外形勻稱、沒有斑點、質地厚實、瓜瓤少，若抱在手上感覺沉甸甸，表示水分充足；冬瓜的表皮能減少瓜肉水分的蒸發，可以保溫隔冷，採收後能夠越冬存放，故稱為「冬瓜」。

省很大！剩餘食材再利用～醬冬瓜蒸肉餅

作法：剩下的冬瓜醃製成醬冬瓜，挖1小匙與300克的絞肉、1小匙的糖、醬油和薑末混合均勻後，放入略有深度的盤中蒸熟即完成。

醬冬瓜method 冬瓜削皮去籽切大塊狀，塗抹薄鹽醃製一晚使之出水，再置於烈日下曬乾；取一玻璃容器，底部鋪滿豆醬，再鋪一層冬瓜，依此類推分層鋪好後，倒入米酒淹沒之，密封上蓋，醃製3個月即能食用。

換個食材素素看 做好的醬冬瓜也可用於素食料理中，將龍鬚菜挑去老梗切小段，以滾水汆燙；燙熟的龍鬚菜拌入1小匙醬冬瓜、辣椒絲、樹子、香菇粉、香油、味醂等，均勻攪拌後即可食用。

零負擔的蔬菜羹湯

冬瓜菠菜羊肉羹

50分鐘

1人份

約25元

大量蔬菜和鮮嫩羊肉，用料豐富，令人越吃越上癮…

食材：

冬瓜 20克（約1/4碗）
菠菜 20克（約半碗）
羊肉 30克（約1/4碗）
醬油 5ml（約1小匙）
太白粉水 適量
蔥、薑 適量
鹽 適量

作法：

1. 冬瓜洗淨後去皮除瓤，切丁；菠菜和蔥洗淨後切小段；羊肉和薑切薄片備用。
2. 將切好的食材放入500ml容量的燜燒杯，注入滾水後，稍微攪拌使食材受熱均勻，熱杯靜置3分鐘後，把水倒掉，重複2次。
3. 重新注入滾水或高湯，拴緊上蓋燜燒45分鐘，加入適量鹽、醬油和蔥花，最後調入太白粉水勾芡即完成。

食在好源頭

羊肉

台灣產的羊肉多為山羊肉，而從紐西蘭、澳洲進口的多為綿羊肉，兩者因品種差異而致肉質、風味有別，台灣產羊肉除較無羶腥味外，且因在地飼養、及時產銷，更能保有新鮮美味，以高雄岡山和彰化溪湖出產的羊肉最為出名。

嚴選食材小撇步

羊肉的色澤呈鮮紅色為佳，肉色暗紅則表示不新鮮；此外，可觸摸肉品是否有彈性，並細看肉品的橫切面，骨髓顏色發紅，表示肉質較鮮嫩；骨髓顏色發白表示羊肉的肉質較老，口感較韌硬。

省很大！剩餘食材再利用：黑胡椒醬炒羊肉

作法：羊肉切成薄片後，連同適量薑片和空心菜放入油鍋中快炒，炒至羊肉八分熟時，加適量黑胡椒醬拌炒至全熟即完成。

黑胡椒醬method 在鍋內加少許油熱鍋，放進適量蒜末及洋蔥丁爆香，炒軟後加入適量黑胡椒粉、10ml紅酒和50ml的牛肉高湯（也可用其他高湯替代）炒勻，煮滾後，以太白粉水勾芡呈濃稠狀即完成。

換個食材素素看 左頁食譜中的羊肉可用香菇蒂頭替換之，將香菇的蒂頭洗淨後，放到平底鍋用少許麻油乾煎，煎至出水變軟，即可放入燜燒杯中。香菇蒂頭選用鮮香菇或乾香菇皆可，若使用乾香菇，須先以水泡軟。

低熱量的美容湯品

竹筍木耳湯

食材：

竹筍 30克(約1/4碗)
黑木耳 30克(約半碗)
豆苗 10克(約1/4碗)
糖、香油、醋 適量
薑、蔥 適量
鹽 適量

作法：

1. 黑木耳洗淨後切成小朵；竹筍洗淨後，切成薄片；切適量蔥花、薑絲備用。
2. 取350ml容量的燜燒杯，放入薑絲、筍片和小朵的黑木耳，注入熱水稍微攪拌或搖晃使食材均勻受熱後，靜置熱杯2分鐘，將水倒出後，重新注入熱水或高湯，拴緊上蓋燜40分鐘。
3. 燜燒後，放進豆苗、蔥花，以適量鹽、醋、糖、香油調味即完成。

食在好源頭
黑木耳

嘉義的中埔鄉是黑木耳的主要產地，其產量約佔台灣黑木耳總產量的80%，由於鄰近水源保護區的仁義潭水庫，故擁有潔淨的空氣與水質。且台灣種植黑木耳的技術相當發達，能使黑木耳在適宜的溫度、濕度與光線下成長。

嚴選食材小撇步

經過水洗的黑木耳正面有一層粉狀霧面的東西，那是它的孢子，背面則布滿了灰色絨毛，孢子跟絨毛越多越密集的木耳即表示新鮮；此外，品質好的木耳質地厚、彈性佳，代表膠質豐富。

省很大！剩餘食材再利用：鳳梨涼拌黑木耳

作法：黑木耳以清水洗淨後撕成小朵，放入滾水中汆燙3～5分鐘，燙熟的黑木耳立即泡入冰水冰鎮，再混合適量薑絲和辣椒絲，拌入適量鳳梨拌醬調味即完成。

鳳梨拌醬method 2大匙的白醋、1大匙醬油膏、1小匙糖和適量香油混合均勻後，加入適量切丁的鳳梨即完成。

換道料理素素看

黑糖木耳露：80克（約一碗）的黑木耳，加800ml的冷開水，放入果汁機中攪打成汁後，將黑木耳汁放入電鍋，外鍋加一杯水蒸煮，開關跳起後，加入10克紅棗和30克黑糖，再蒸15分鐘，拌勻即完成。

日式家庭必備風味

燉煮蘿蔔海帶湯

食材：

白蘿蔔 10克（約1/4碗）
紅蘿蔔 10克（約1/4碗）
海帶 30克（約1/4碗）
柴魚片 5克（1小匙）
糖 1小匙
鹽 適量

作法：

1. 將白蘿蔔、紅蘿蔔和海帶洗淨後，切絲備用。
2. 取350ml容量的燜燒杯，放入切好的白蘿蔔絲、紅蘿蔔絲和海帶絲，注入熱水稍微攪拌或搖晃使食材均勻受熱後，靜置熱杯5分鐘，將水倒出後，加入柴魚片，重新注入熱水，拴緊上蓋燜燒50分鐘。
3. 燜煮後，加入適量鹽和1小匙糖調味，攪拌均勻後即完成。

白蘿蔔原產於亞洲，因栽培容易，加上生長快速的優勢，在台灣有不少農民栽種。白蘿蔔適合種植於涼爽的氣候環境。而夏季的溫度和濕度高，除了少數品種外，大多品種都產於冬季，若非產季收成的白蘿蔔，可能會帶點苦味。

嚴選食材小撇步

挑選時先注意蘿蔔身上是否有根鬚，因為根鬚過多易造成水分以及養分的流失，因此挑選根鬚較少的為佳。蘿蔔的根葉呈筆直較佳，若葉子枯萎彎曲代表不新鮮。

省很大！剩餘食材再利用：蘿蔔紅燒牛腩

作法： 薑片放入油鍋中爆香，牛腩切塊加入鍋中拌炒至八分熟；白蘿蔔和紅蘿蔔切塊放入鍋中一起拌炒，加入紅燒醬汁，煮至沸騰後，轉小火燉煮至牛腩變軟即完成。

紅燒醬汁method 醬油30克（約半碗）加適量冰糖、米酒、2粒八角均勻混合後，加800ml的開水，以中小火煮至冰糖溶解即完成。

換道料理素素看

蘿蔔紅燒油豆腐細麵： 將上述食譜中的牛腩替換成兩塊油豆腐，煮至熟透後備用；燒一鍋滾水，放入細麵煮約5分鐘，細麵煮熟後撈起，淋上蘿蔔紅燒油豆腐拌勻即完成（將細麵換成冬粉或白飯亦可）。

萃取滿滿的蔬菜精華

鄉村野菜湯

以各式當令蔬菜搭配高湯，
燉煮出蔬菜的精華和甜味…

食材：

白蘿蔔 10克（約1/4碗）
紅蘿蔔 10克（約1/4根）
蒟蒻 30克（約1/4碗）
鮮香菇 15克（約2朵）
苦瓜 10克（約1/4碗）
糖、味噌 1小匙
鹽 適量

作法：

1. 將白、紅蘿蔔、蒟蒻洗淨後切小塊備用；苦瓜洗淨後切薄片；香菇去掉蒂頭，並在表面用刀畫十字。
2. 取500ml容量的燜燒杯，放入切好的白蘿蔔、紅蘿蔔、蒟蒻、苦瓜和香菇，注入熱水稍微攪拌或搖晃使食材均勻受熱後，將水倒出，並重複熱杯3～5次。
3. 加1小匙味噌，並重新注入熱水，拴緊上蓋燜50分鐘，燜煮後，加入適量鹽和1小匙糖調味，攪拌均勻後即完成。

食在好源頭

鮮香菇

台中新社為台灣最具盛名的香菇產區，產量占全台一半以上，香菇屬於低溫型菌類，需要在低溫的環境中生長，15℃～20℃之間最適宜，成長環境要保持陰涼通風。因此氣候溫和、日夜溫差相距10℃的中部低海拔山區是栽植首選。

嚴選食材小撇步

香菇首要挑選外觀完整無損傷，其次觀察菌傘上的白點，此為香菇的絨毛，絨毛是新鮮的象徵，當香菇的鮮度逐漸消失，絨毛也會漸漸消失；此外，如果聞起來有酸味或是其他異味，表示香菇不新鮮。

省很大！剩餘食材再利用：香菇肉燥飯

作法：利用醬油、冰糖、五香粉、白胡椒粉和油蔥酥做成的滷汁，提出香菇和絞肉的鮮味，並熬煮出香味四溢的香菇肉燥醬，拌飯拌麵都美味。

香菇肉燥醬method 將5朵香菇去蒂切丁備用；在炒鍋中放入半斤絞肉拌炒至變色，再加入香菇丁，以適量醬油、冰糖、五香粉、白胡椒粉調味，加500ml的開水煮滾後，加入油蔥酥以小火煮10分鐘即完成。

換道料理素素看

香菇素燥飯：將上述食譜中的絞肉替換成素肉燥，素肉燥泡水1小時後，瀝乾水分再放入油鍋中，以五香粉和肉桂粉拌炒增香，加入適量的香菇素蠔油炒勻，加開水煮滾後，轉小火燜煮15分鐘即完成。

酸中帶辣的辛香湯品

川味酸辣湯

45分鐘

1人份

約25元

調和醋的酸味和白胡椒的辣味，創造出人氣湯品…

食材：

紅、白蘿蔔 10克（約1/4碗）
竹筍、木耳 10克（約1/4碗）
豆腐 15克（約1/4碗）
豬肉 15克（約1/4碗）
糖 5克（約1小匙）
蔥 適量
鹽、醋 適量

作法：

1. 將木耳撕成小片；白蘿蔔、紅蘿蔔、竹筍洗淨後切絲備用；豆腐和豬肉切絲，並切適量蔥花備用。
2. 取500ml容量的燜燒杯，放入切好的白蘿蔔、紅蘿蔔、木耳、竹筍、豬肉和豆腐，注入熱水稍微攪拌或搖晃使食材均勻受熱後，將水倒出，並重複熱杯2次。
3. 重新注入熱水或高湯，拴緊上蓋燜45分鐘後，加入適量的醋、鹽、蔥花和1小匙糖調味後即完成。

食在好源頭

豆腐

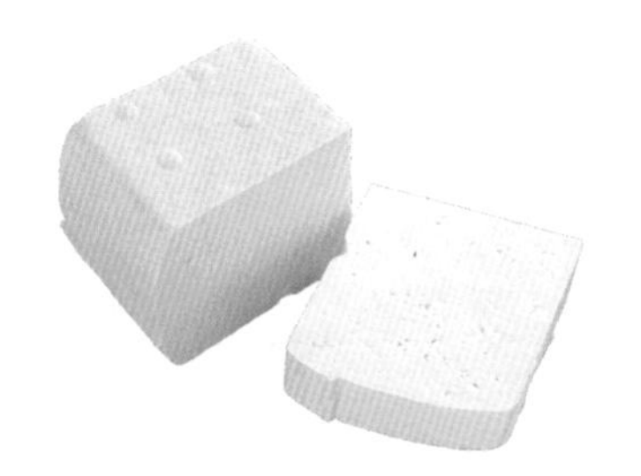

豆腐的原料黃豆，適合生長於溫暖的氣候環境，在台灣各地皆有種植，主要有春、秋兩作。種植最注重灌溉水分的多寡，剛種下時不能有太多雨水，以免種子發芽率不佳，容易發霉腐壞；開花結果時則不能缺水，否則會影響產量及品質。

嚴選食材小撇步

豆腐的蛋白質含量高，容易變味變質，因此購買回家後，應盡快食用完畢；挑選時應留意豆腐形狀完整、富有彈性、質地細嫩，細聞有豆香味；若表面發黏，甚至有酸苦的餿味，表示不新鮮。

省很大！剩餘食材再利用：川味麻婆豆腐

作法：將豆腐切丁備用；把蔥、薑、蒜末放入油鍋爆香，加入半斤絞肉和麻辣醬汁拌炒至熟，再加入1杯水（約250ml）煮滾，放入豆腐丁，大火煮開後再燜3分鐘，熄火後以適量太白粉水勾芡即完成。

麻辣醬汁method 蠔油1大匙、豆瓣辣椒醬1大匙、花椒油和辣油少許、糖1.5小匙，加50ml的高湯（若無高湯也可用開水取代）混合後即完成。

換個食材素素看 將左頁食譜中的蔥和豬肉絲去除，即為素的酸辣湯，或以素肉絲代替豬肉絲。但買來的素肉絲多為乾品，需浸泡開水1小時後才可使用，使用前須將水分瀝乾，以免降低燜燒杯中的溫度。

低卡零負擔的溫暖好湯

番茄蛋花湯

食材：

番茄 30克(約1顆)
雞蛋 30克(約1顆)
黃瓜 10克(約1/4碗)
薑 適量
蔥 適量
鹽 適量
香油 適量

作法：

1. 將番茄洗淨後切小塊、黃瓜切成薄片，並切適量薑片和蔥花備用；雞蛋打散後備用。
2. 取500ml容量的燜燒杯，注入熱水，靜置熱杯2分鐘後，將水倒掉。
3. 放入切好的番茄、黃瓜和薑片，倒入蛋液（蛋液若是冰的，回溫後才可放入燜燒杯），重新注入熱水或高湯至水位線或內蓋下方一公分處，燜30分鐘後，以鹽和香油調味，撒上蔥花即完成。

食在好源頭 番茄

番茄原產於南美洲，日治時期開始廣泛栽培食用；番茄適合生長在平均氣溫20℃～25℃，且不常下雨的季節，所以台灣的產地主要分布在南部和東部地區，於嘉義、台南、彰化、雲林、南投、高雄、屏東、宜蘭、花蓮、台東和新竹等縣市皆有，以12月～3月為產季，而以1月採收的番茄最美味。

嚴選食材小撇步

中大型番茄以果形豐圓、果色綠，但果肩（蒂頭周圍處）青色、果頂已變紅者為佳；中小型番茄以果形豐圓或長圓，果色鮮紅者為佳，越紅則表示番茄紅素含量越多。

省很大！剩餘食材再利用：甘草薑汁番茄

作法：以醬油膏、糖、薑和甘草粉依比例調和而成的醬汁，鹹甜清香，將大番茄洗淨後切成小瓣，沾取適量醬汁搭配食用。沾了醬汁的番茄，酸甜滋味更豐富、更有層次，深受多數人喜愛。

甘草薑汁method 醬油膏1大匙、糖1小匙、甘草粉1小匙和磨成泥的薑（也可切成薑末）混合，攪拌均勻即完成。

換道料理素素看

番茄麵疙瘩：取2朵乾香菇泡水變軟，切絲後，放入油鍋中爆香；素火腿切絲、番茄切片後，加入鍋中拌炒，拌炒成糊後，加一碗公的開水煮滾，放入麵疙瘩煮熟後，切適量芹菜末撒上即完成。

甘甜濃郁的溫補好湯

紅蘿蔔排骨玉米湯

料多味美！

紅蘿蔔和玉米的自然甜味，
與排骨熬煮出甘醇湯頭…

食材：

紅蘿蔔 10克(約1/4碗)
玉米 20克(約1/3根)
排骨 30克(約1/3碗)
薑 適量
鹽 適量
白胡椒粉 適量

作法：

1. 將排骨、玉米和紅蘿蔔洗淨後切小塊，並切適量薑片備用。
2. 取500ml容量的燜燒杯，將切好的食材放入杯中，注入熱水，攪拌或搖晃使其均勻受熱後將水倒掉，重複熱杯2～3次。
3. 重新注入熱水或高湯至水位線下或內蓋下方一公分處，燜60分鐘後，以適量鹽和白胡椒調味即完成。

食在好源頭
玉米

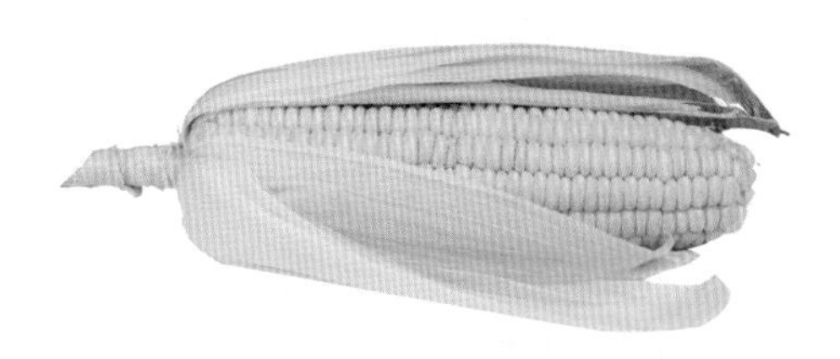

玉米俗稱番麥，為全年性農作物，依氣候、溫度差異，整年都有不同品種的玉米供應市場；甜玉米的生長期短，2～3個月就能收成，台灣的玉米產地主要集中於雲林、嘉義、台南、彰化、屏東。玉米種植過程中，容易殘留農藥，因此食用前務必以大量清水沖洗乾淨。

嚴選食材小撇步

挑選時應選外葉顏色青翠、玉米粒形狀飽滿光亮、排列整齊、有彈性者為佳，若外葉枯黃則表示玉米過熟，顆粒較無水分，而且有凹米；此外，留意外觀是否有枯黃、水傷、且無異味和蟲蛀的痕跡。

省很大！剩餘食材再利用：玉米濃湯

作法：將蘑菇、培根和洋蔥切丁，以適量奶油拌炒出香氣後，加入玉米醬和1碗水熬煮成湯，以適量鹽和黑胡椒粒調味後，調入太白粉水勾芡至濃稠狀即完成。

玉米醬method 將1/4顆的洋蔥切丁，用奶油炒香後備用；用刀將玉米粒從梗上剝下，連同炒過的洋蔥丁以調理機加100ml的水攪打成醬即完成。

換個食材素素看 將左頁食譜中的排骨替換成素排骨酥，即可變換成素食湯品；使用素排骨酥需先以熱水快速汆燙，去除表面雜質後，再加入燜燒杯中燜煮，並可於湯中加一小塊甘蔗，以提升湯頭中的鮮甜滋味。

什錦杏仁粥

香甜地瓜小米粥

黃瓜綠豆粥

一個人吃飯有時候沒什麼胃口，

隨便吃點餅乾、麵包就敷衍一餐，這樣實在太不營養了！

燜燒杯可以是你的煲粥小砂鍋，

燜煮一碗粥讓食材營養融入其中，

喝下熱呼呼的粥品，

幫你恢復體力、滋補身體。

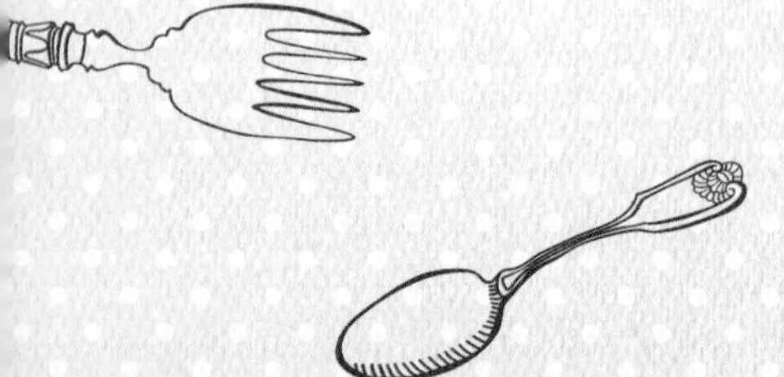

Chapter 2

燜燒杯熬粥！絕佳口感吃得出來！

各種五穀甜粥、藥膳煲粥、生鮮煮粥，
每粒米都煲得綿密入味～

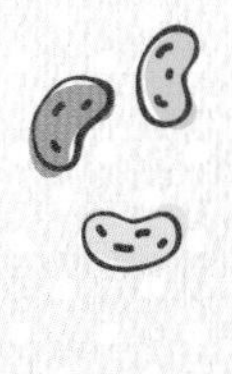
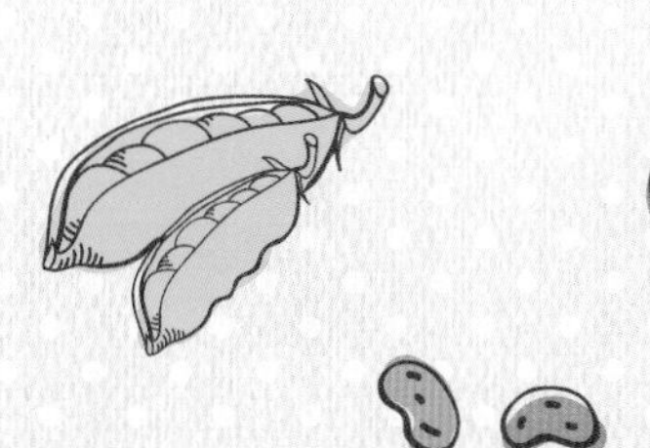

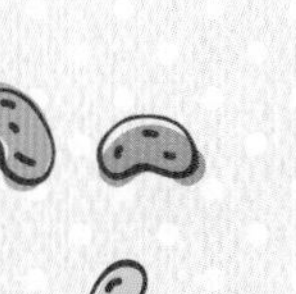
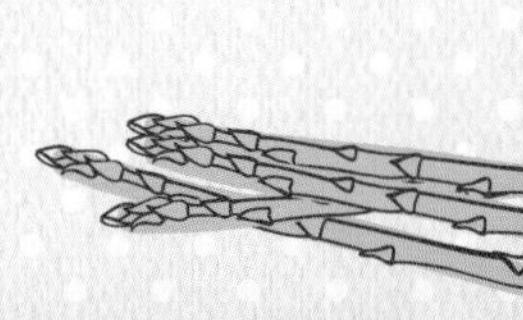

濃而不膩的香醇滋味

奶香紫米粥

口感香Q的紫米帶有濃郁奶香，越吃越上癮…

食材：

紫米 30克(約1/4碗)
花生 2克(約3顆)
蓮子 2克(約2～3顆)
紅豆 1克(約3～5顆)
糖 5克(約1小匙)
鮮奶 適量

作法：

1. 將紫米、紅豆洗淨後，加水浸泡一晚（約8～9小時）；蓮子洗淨後，加水浸泡2小時備用。
2. 取350ml容量的燜燒杯，將紫米、紅豆和蓮子放入杯中，注入熱水靜置30分鐘，攪拌或搖晃使其均勻受熱後將水倒掉，重複熱杯2次。
3. 重新注入熱水至水位線下或內蓋下方一公分處，燜3小時後，加適量糖、花生和鮮奶調味即完成。

食在好源頭

紫米

原生於花蓮的紫米，是阿美族人代代流傳下來的品種，也是部落農民自行育種保留下來的，其中野生種的紫米種植不易，所以產量較少。紫米品種雖各有不同，但只要生長在土壤、水質無汙染的環境中，即是高品質的作物。

嚴選食材小撇步

挑選時，應選擇米粒飽滿、顆粒均勻，靠近細聞有米香，且無雜質者佳。如果碎粒很多，混有雜質，沒有紫米特有的清香味，反而有潮濕的霉味或異味，則表示紫米不新鮮，或存放時間已經過久。

省很大！剩餘食材再利用：椰奶紫米紅豆湯

作法：紅豆和紫米以等比例的份量混合洗淨後，放入鍋子並加水淹沒，水位高度約為豆子高度的兩倍，於爐火上加蓋煮滾後，熄火燜1小時，重複三次後，調入糖和椰奶即完成。

椰奶method 將椰子剖開取出白色椰肉，切小塊以調理機打碎，少量加入冷開水和冰塊攪打至濃稠狀即完成。

換個食材素素看 左頁食譜中的紅豆也可用芋頭取代，將芋頭切丁後，與紫米放入燜燒杯中燜煮，增添綿密口感和芋頭香氣，若想要讓紫米粥更加鬆軟，也可將芋頭先以電鍋蒸熟，趁熱壓成泥之後，拌入已燜煮好的紫米粥中。

南瓜糙米粥

方便簡單的好滋味，美味粥品趁熱吃⋯

食材：

糙米 20克（約1/4碗）
白米 20克（約1/4碗）
南瓜 10克（約1/4碗）
鹽 適量
白胡椒粉 適量

作法：

1. 將糙米洗淨後，加水浸泡一晚（8～9小時）；南瓜洗淨後切丁備用。
2. 取350ml容量的燜燒杯，將白米、糙米和南瓜放入杯中，注入熱水靜置30分鐘，攪拌或搖晃使其均勻受熱後將水倒掉，重複熱杯2次。
3. 重新注入熱水或高湯至水位線下或內蓋下方一公分處，燜3小時後，以適量鹽和白胡椒粉調味即完成。

食在好源頭

糙米

所謂的糙米就是去除稻殼後的稻米，而台灣的稻米產地主要在雲林和嘉義，花蓮、台東也有產米，尤其花東地區的汙染少、水質佳，加上早晚溫差大，因此常有品質良好的稻米產出。如花蓮玉里、台東池上、關山、鹿野等皆為優質米產區。

嚴選食材小撇步

糙米的選購應該要注意表面光澤，顏色要呈淺褐色，顆粒飽滿肥大，沒有碎裂者為佳。由於糙米含有米糠和胚芽，營養成分豐富，因此容易長蟲，建議消費者少量購買，並冷藏儲存。

省很大！剩餘食材再利用：糙米排骨粥

作法：取1杯糙米洗淨後，浸泡一晚備用（約8～9小時）；將一鍋水煮沸後，放入2～3片薑，接著把切小塊的豬小排放入滾水汆燙約3分鐘後撈起；取一炒鍋，放入1大匙油，紅蔥頭下鍋炒香，再加入燙好的豬小排拌炒，炒勻後撈起備用；糙米加入2大碗水煮滾，並將炒好的豬小排和適量薑絲放入熬煮；煮至沸騰後，蓋上蓋子以小火燜煮50分鐘，以鹽、白胡椒粉和蔥花調味後，熄火再燜15分鐘即完成。

換個食材素素看

左頁食譜中的南瓜也可替換成乾香菇，取2朵乾香菇，泡水變軟後切絲，並將切好的香菇連同糙米放進燜燒杯中燜煮3小時，食用前，切適量的芹菜末撒上，以適量鹽、香油和白胡椒粉調味即成香菇糙米粥。

香滑營養的奶香粥品

鮮奶麥片粥

5分鐘

1人份

約5元

暖胃甜粥，即沖即食的快速美味…

食材：

即食燕麥片 80克(約半碗)
鮮奶 250ml
蜂蜜 5克(約1小匙)
糖 5克(約1小匙)

作法：

1. 取一350ml容量的燜燒杯，將即食燕麥片放入備用。
2. 取一小鍋，倒入鮮奶，放在瓦斯爐或電磁爐上以小火加熱，溫度不宜超過60℃，若手邊無溫度計，觀察加熱中的鮮奶，直到鍋邊起小水泡即可熄火。
3. 將熱牛奶沖入燜燒杯中的燕麥片，拴緊上蓋，燜5分鐘，以適量蜂蜜和糖調味即完成。

食在好源頭

燕麥片

由於燕麥適合生長在濕冷的地區，台灣少有種植，故市面上販售的即食燕麥片多從國外進口，包含澳洲、美國、紐西蘭等。燕麥片應放置於陰涼處，避免陽光直照或高溫處所，開封後放置冰箱冷藏保存，並盡快食用完畢。

嚴選食材小撇步

現代人為求方便，較常選購小包裝且口味繁多的即溶燕麥片，但這類麥片通常含有對人體健康不利的高果糖糖漿、人工甜味劑和食用色素，故建議購買無調味的麥片。而新鮮麥片應乾燥、無異味。

省很大！剩餘食材再利用：南瓜燕麥片軟餅

作法：將100克的南瓜洗淨，削皮去籽並切成小塊後，放入電鍋中蒸熟，趁熱壓成泥；再將60克的麥片拌入南瓜泥中，因燕麥片會吸收南瓜水分，所以南瓜泥會變得較乾，此時再拌入適量葡萄乾混合均勻；用手將南瓜泥搓成小丸狀，再以手掌稍微壓扁（可戴塑膠手套再壓，較不易沾黏），放入預熱150℃的烤箱中，烘烤15～20分鐘即完成。

換個食材素素看

為使左頁食譜中的鮮奶麥片粥口感更豐富，可以加入水果增添風味，如香蕉剝皮切片、葡萄剝除外皮，對切後除籽，或將哈密瓜切丁拌入其中，也可以挑選其他喜歡的水果加入，冷熱食用皆適宜。

樸實天然的真材實料

山藥枸杞蓮子粥

3小時

1人份

約25元

天然的枸杞甜味，混合鬆綿的山藥和蓮子，口感加分…

食材：

白米 40克（約1/3量米杯）
山藥 20克（約1/4碗）
蓮子 3克（約3顆）
枸杞 適量
鹽 適量

作法：

1. 山藥洗淨後削皮切小片；蓮子洗淨後，加水浸泡2小時；白米洗淨後備用。
2. 將白米、山藥、蓮子和枸杞放入500ml容量的燜燒杯中，注入熱水靜置2分鐘，攪拌或搖晃使其均勻受熱後將水倒掉，重複熱杯3次。
3. 重新注入熱水或高湯至水位線下或內蓋下方一公分處，燜3小時後，以適量鹽調味即完成。

山藥的栽培歷史悠久，目前國內栽培之山藥主要分為兩種：一種為塊狀，葉片較寬大，生育速度快，因此產量較高；另一種類的山藥，莖蔓較為纖細、圓形，葉片較狹長，塊莖如長棍棒形，著名的有恆春山藥、北部淮山藥等。

嚴選食材小撇步

選擇山藥要以外觀完整、鬚根少，沒有腐爛者為佳；保存山藥可用衛生紙包住切頭後放入塑膠袋，冷藏可放4～5天；若想延長保存期限，削皮切小塊，以鹽水洗淨瀝乾，可冷凍兩個月。

省很大！剩餘食材再利用：梅醬拌山藥

作法： 將山藥洗淨削皮後，切成長條狀，以滾水汆燙山藥約3分鐘，撈起瀝乾並浸泡冰水中冰鎮，上桌前，拌入1大匙梅醬即完成。

梅醬method 取適量梅子洗淨後，以滾水煮5分鐘，梅肉煮爛後，將籽挖除放涼；接著，開中小火續煮梅肉，並分次加入砂糖（砂糖與梅肉的調配比例約為1：2），煮至軟爛，攪拌均勻即完成。

換個食材素素看

左頁食材中，如果沒有蓮子，也可以用薏仁代替，但薏仁不易燜煮，故可先洗淨後加水浸泡一晚（約8～9小時），或是在瓦斯爐上煮滾後再倒入燜燒杯中燜燒，這樣燜出來的口感較軟爛。

補血爽口的開胃粥品

紅棗薏仁粥

食材：

糯米 30克(約1/3量米杯)
紅棗 10克(約8～10顆)
薏仁 5克(約1大匙)
冰糖 適量

作法：

❶ 糯米和薏仁洗淨後，分別加水浸泡一晚（8～9小時）備用。

❷ 將浸泡後的糯米、薏仁和紅棗放入500ml容量的燜燒杯中，注入熱水靜置2分鐘，攪拌或搖晃使其均勻受熱後將水倒掉，重複熱杯3次。

❸ 重新注入熱水至水位線下或內蓋下方一公分處，燜2.5小時後，以適量冰糖調味即完成。

食在好源頭

薏仁

薏仁在台灣有三大產地，分別是南投草屯鎮、台中大雅鄉和彰化二林鎮，總面積達250公頃左右。薏仁本為旱作物，產量不如預期，後來經過不斷地試驗和改良品種下，由原來旱作改為水耕，使得產量增加了五、六倍，而且品質優良。

嚴選食材小撇步

挑選薏仁應注意顆粒大小均勻、堅實和完整，外表有光澤，且無發霉、無異味、無蟲蛀等。薏仁必須保存在低溫、乾燥、密封和避光的環境中，若購買袋裝密封薏仁，保存不宜超過六個月。

省很大！剩餘食材再利用：薏仁排骨湯

作法：薏仁有消除水腫和美白的功效，而且熱量又低，可與多種料理搭配烹煮。煮之前先將薏仁洗淨，加水浸泡一晚（約8～9小時），將排骨（可選用豬小排，其油脂豐富、肉質較軟）剁成小塊狀汆燙備用；取一湯鍋，將薏仁、排骨和薑片放入鍋中，加水以大火燉煮，煮滾後，熄火燜45分鐘，再以小火燜煮45分鐘即完成。

換個食材素素看

左頁食譜中的紅棗，也可以用龍眼乾代替，龍眼乾又稱為桂圓，其甜度高，可以增添湯頭的清甜風味，並減少冰糖的使用量。但龍眼乾吃多易上火，建議少量添加提味即可。

清爽不油膩的補氣粥品

夏枯草瘦肉粥

食材：

夏枯草 10克(約1/4碗)
白米 40克(約1/3量米杯)
豬肉 30克(約1小塊)
紅棗 3克(約3～5顆)
枸杞 適量
鹽 適量

作法：

1. 將夏枯草洗淨，豬肉切絲備用。
2. 取500ml容量的燜燒杯，將白米、夏枯草、豬肉絲、紅棗和枸杞放入杯中，注入熱水靜置2分鐘，攪拌或搖晃使其均勻受熱後，將水倒掉，重複熱杯2次。
3. 重新注入熱水或高湯至水位線下或內蓋下方一公分處，燜1.5小時後，加適量鹽調味即完成。

食在好源頭 豬肉

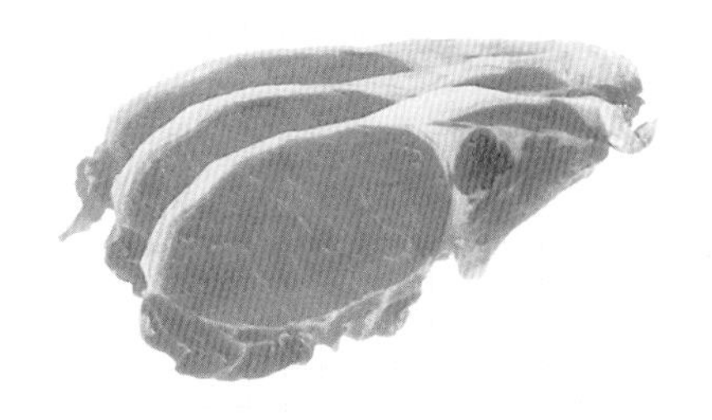

豬肉為台灣人的餐桌主要肉類供應來源，故養豬行業相當發達，但由於進口的豬肉價格便宜，因此台灣養豬行業曾沒落一段時間，如今則逐漸走向精緻養殖路線，如本土的黑豬肉、香草豬、雲林快樂豬的品質皆享譽盛名。

嚴選食材小撇步

新鮮豬肉呈淡紅色或淡粉色、有光澤、纖維細；此外，豬肉質地緊實富有彈性，用手指按壓後，能迅速恢復原狀；而變質豬肉，用手指按壓後，恢復速度慢或呈凹陷狀。

省很大！剩餘食材再利用：香煎豬肉佐青醬

作法：在平底鍋中加少許油，剩下的豬肉切片，放入油鍋中煎至表面微焦熟透，撒上適量黑胡椒粒和鹽後，再佐以青醬享用。

青醬method 取適量松子放到平底鍋以小火乾煎至表面微焦，手抓一把九層塔（羅勒）以滾水快速汆燙約10秒，撈起瀝乾放涼後，混合松子、蒜末、1大匙橄欖油和2小匙鹽，放入果汁機攪打成醬即完成。

換個食材素素看

可將左頁食譜中的豬肉替換成素肉塊，但如果太大塊，則需先切丁或絲，以免燜煮不透，煮熟後，也可以撒點素香鬆增香，吃起來香脆帶有甜味的素香鬆，能中和夏枯草的苦味，增添粥底的甘甜風味。

一杯包含山珍海味

鮮魚香菇粥

食材：

鯛魚 55克(約1/3尾)
白米 40克(約1/3量米杯)
鮮香菇 15克(約2朵)
薑 適量
蔥 適量
米酒 適量
鹽 適量

作法：

1. 切適量薑絲、蔥花備用；白米洗淨後備用；鯛魚肉切丁、鮮香菇洗淨後，去除蒂頭，在蕈傘表面劃十字。
2. 取500ml容量的燜燒杯，將切好的魚肉、薑絲、白米和鮮香菇放入杯中，注入熱水靜置2分鐘，攪拌或搖晃使其均勻受熱後將水倒掉，重複熱杯3次。
3. 重新注入熱水或高湯至水位線下或內蓋下方一公分處，燜2小時後，以適量鹽、米酒調味，撒上蔥花即完成。

食在好源頭
鯛魚

台灣鯛魚原產於非洲，引進後又名為「吳郭魚」，為了提高魚種出口競爭力，經過多年來的育種改良，高品質的改良品種吳郭魚，改稱為「台灣鯛」，以肉質鮮美著名，日本則以「姬鯛」稱之。鯛魚肉厚少刺，市面上多販賣去除頭尾和魚刺的鯛魚片，用於烹煮較為方便。

嚴選食材小撇步

新鮮鯛魚在挑選時，需注意魚眼是否明亮有光澤，魚身完整無破損；若購買冷凍鯛魚片，魚片中心線呈暗紅為正常冷凍後的血色，若魚片出現塊狀淡綠、淡黃色，則表示不新鮮。

省很大！剩餘食材再利用：泰式檸檬魚

作法：剩下的鯛魚抹上薄鹽醃10分鐘，調出以檸檬為基底的泰式醬汁，均勻淋在魚身上，再加適量米酒和切小段的香茅，放入電鍋蒸15～20分鐘，香茅拿掉後，撒上香菜末即完成。

泰式醬汁method 取少許蒜頭、薑、辣椒切末，混合1顆檸檬所榨出的汁和果肉，加1小匙的糖和魚露，攪拌均勻後即完成。

換個食材素素看 可將左頁食譜中的鯛魚替換成素火腿，將素火腿切丁燜煮後，不加蔥花，改以香菜末或芹菜末提味。市面上販售的素火腿多有添加色素，故熱水一沖，就有粉紅色的色素溶出，建議挑選時須多加留意。

平價好味的宮廷補品

桂圓蓮子紅棗粥

2小時

1人份

約20元

鬆軟和綿密兼具，層次豐富、香甜可口…

食材：

桂圓肉 15克(約6～8塊)
糯米 40克(約1/3量米杯)
蓮子 5克(約4～5顆)
紅棗 5克(約3顆)
冰糖 適量
枸杞 適量

作法：

1. 糯米和蓮子用清水洗淨後，分別加水浸泡一晚（8～9小時）。
2. 取500ml容量的燜燒杯，將桂圓肉、糯米、蓮子、紅棗和枸杞放入杯中，注入熱水靜置2分鐘，攪拌或搖晃使其均勻受熱後將水倒掉，重複熱杯2次。
3. 重新注入熱水至水位線下或內蓋下方一公分處，燜2小時後，以適量冰糖調味即完成。

食在好源頭

桂圓

桂圓因外形圓潤晶瑩，如龍的眼珠，所以被暱稱為龍眼。龍眼的滋味甜如蜜餞，可作為食用，也可作藥用；龍眼是典型的南方亞熱帶水果，喜高溫多濕的環境，因此在台灣廣泛種植，泰國、緬甸等地亦有大量種植。

嚴選食材小撇步

選購帶殼桂圓乾，應挑選顆粒較大、殼色黃褐、殼面光潔，且薄而脆的品種，若顆粒小、殼面粗糙則品質較次；如果是選購去殼桂圓肉，則要挑選顏色棕黃或褐黃，聞起來無異味者為佳。

省很大！剩餘食材再利用：桂圓紅棗茶

作法：1大匙的桂圓紅棗醬，沖入150～200ml的熱水，攪拌均勻後就能立即享用。（自行製作的桂圓紅棗醬，冷藏可保存半年，簡單又方便。）

桂圓紅棗醬method 去籽紅棗75克、桂圓肉25克、冰糖125克、開水250ml放入鍋中混合，於爐火上將紅棗煮至軟爛，再以小火煮至濃稠，放涼後加75ml的蜂蜜拌勻，即可裝罐保存。

換個食材素素看 可將左頁食譜中的冰糖隨意替換成黑糖或蜂蜜，可依照個人喜好添加之。需留意的是，黑糖若沒有密封而導致受潮時，易受到乳酸菌的侵害，促使黑糖甜度降低、變質，甚至帶有酸味，不宜再食用。

寒冬進補的暖胃粥品

枸杞山藥雞肉粥

2小時

1人份

約20元

美味常備的粥品，讓溫暖一直傳遞下去…

食材：

白米 40克（約1/3量米杯）
雞胸肉 30克（約1/4碗）
山藥 10克（約1/4碗）
蓮子 10克（約8顆）
蔥花 適量
枸杞 適量
鹽 適量

作法：

1. 山藥洗淨後，削皮切丁；白米和蓮子用清水洗淨後，分別加水浸泡一晚（8～9小時）。
2. 取500ml容量的燜燒杯，將白米、山藥、蓮子、枸杞和切丁的雞胸肉放入杯中，注入熱水靜置2分鐘，攪拌或搖晃使其均勻受熱後將水倒掉，重複熱杯2次。
3. 重新注入熱水或高湯至水位線下或內蓋下方一公分處，燜2小時後，以適量鹽調味，撒上蔥花即完成。

食在好源頭
蓮子

蓮子又稱為藕子、藕實、蓮仁、蓮肉，台灣主要栽種於桃園縣、嘉義縣及台南縣等地區，以台南縣白河鎮為國內最大蓮子產地，栽培面積約300公頃，產期主要在夏季，約5月下旬至8月下旬。本地產的新鮮蓮子常常供不應求，故市面上販售的蓮子，有許多是從中國或越南進口。

嚴選食材小撇步

選購蓮子要挑選顆粒完整、均勻飽滿、顏色呈象牙黃，沒有碎裂和雜質，並帶有清香者為佳。此外，蓮子最好以密封容器或夾鏈袋儲存，冷藏或是置於陰涼乾燥處可保存5～7天，冷凍則可存放半年。

省很大！剩餘食材再利用：冰糖白木耳蓮子湯

作法：取適量白木耳，泡水變軟後，減去粗硬的蒂頭，並且用水清洗乾淨；將白木耳以果汁機打碎後放入鍋中，加水並使水位與白木耳齊平；放入電鍋後，外鍋加2杯水，蒸煮約半小時開關跳起後，將適量蓮子、紅棗和冰糖一起放入鍋中，外鍋再加2杯水，煮約半小時至開關跳起即完成，也可依照個人偏好的濃稠度和甜味，決定是否加水或加冰糖續煮、調味。

換個食材素素看

取2朵乾香菇泡水後切片，可替代左頁食譜中的雞肉，放進燜燒杯中與其他食材燜煮，再加入碎腰果一起食用。市面上販售的腰果多以糖漿、糖霜或糖粉調味，建議使用原味腰果，與粥的味道較為契合。

綿密新鮮的清甜粥品

蝦仁糯米粥

鮮甜彈牙的蝦仁，有畫龍點睛的功效…

食材：

糯米 40克(約1/3量米杯)
大黃瓜 10克(約1小塊)
蝦仁 25克(約5～8尾)
香菜末 5克(約1根)
鹽 適量
白胡椒粉 適量

作法：

1. 大黃瓜洗淨削皮去籽後切小塊，蝦仁去掉腸泥備用；糯米淘洗乾淨後，加水浸泡一晚（8～9小時）備用。
2. 取350ml容量的燜燒杯，將糯米、蝦仁和大黃瓜放入杯中，注入熱水靜置2分鐘，攪拌或搖晃使其均勻受熱後將水倒掉，重複熱杯2次。
3. 重新注入熱水或高湯至水位線下或內蓋下方一公分處，燜煮2小時後，以適量鹽和白胡椒粉調味，撒上香菜末即完成。

食在好源頭

蝦子

以台灣養殖蝦業來說，白蝦對環境的適應能力強，是能夠耐鹽、耐高溫的養殖種類。其最適合生長溫度為25℃～35℃，能在鹽度為0.5%～3.5%的水域中生長，經馴化後可在淡水中養殖，但還是以鹹水養殖居多。

嚴選食材小撇步

優質蝦仁的表面略帶青灰色，聞起來略有蝦腥味，體軟透明，用手指按捏彈性小，烹煮時，軀體不易皺縮。若蝦仁富有彈性，帶有鹼味，且烹煮時釋出許多水分，軀體縮小得明顯，則表示不新鮮。

省很大！剩餘食材再利用：金錢蝦餅佐甜雞醬

作法：蝦仁剁成蝦泥，與豬絞肉以2：1的比例混合，加入適量鹽、米酒、胡椒粉、蛋白和太白粉後，拌至濃稠狀，將蝦泥捏成圓餅狀裹麵包粉，然後熱油鍋將之炸成金黃色，再佐以甜雞醬即完成。

甜雞醬method 取一小鍋，倒入半碗白醋，接著倒入半碗砂糖，以小火煮至砂糖融化，且醬汁變稠時，放入適量辣椒末，滴入2、3滴魚露即完成。

換個食材素素看 左頁食譜可改以素蝦仁切丁後代替蝦仁燜煮；素蝦仁是以蒟蒻製作而成，但有些不肖業者為使味道更香，違法添加葷的魚漿或動物性成分，因此購買前要選擇來源清楚、有信譽的廠商。

每一口都鬆軟甜蜜

鮮百合南瓜粥

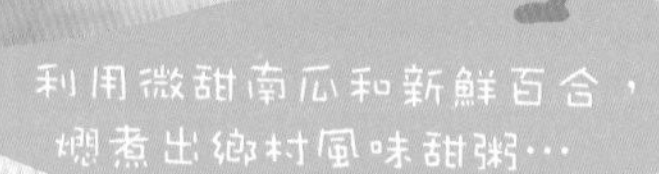

食材：

白米 40克(約1/3量米杯)
南瓜 25克(約1/4碗)
鮮百合 5克(約8～10片)
冰糖 適量

作法：

1. 南瓜洗淨後去籽切丁備用；白米淘洗乾淨後，加水浸泡一晚（8～9小時）。
2. 取350ml容量的燜燒杯，將南瓜、鮮百合和白米放入杯中，注入熱水靜置2分鐘，攪拌或搖晃使其均勻受熱後將水倒掉，重複熱杯3次。
3. 重新注入熱水至水位線下或內蓋下方一公分處，燜1.5小時後，以適量冰糖調味即完成。

食在好源頭

南瓜

南瓜又稱金瓜，為熱帶作物，台灣栽培南瓜的始源已無從考據，但已知至少100年以上。台灣地區一年四季都有南瓜的生產，每年的盛產期集中在3月～10月，因南瓜耐儲藏又方便運輸，隨處都可輕易購得南瓜，目前台灣種植南瓜的面積約1800公頃，主要產區在屏東、花蓮、台東和嘉義等地。

嚴選食材小撇步

挑選南瓜應注意外表有無損傷、蟲害，選擇外形完整，無蟲咬及摔傷者，內部的肉質較不易腐壞。此外，要選表皮均勻有果粉的南瓜較新鮮；南瓜的果蒂若為枯黃乾燥者，則甜度較高。

省很大！剩餘食材再利用：南瓜雞肉義大利麵

作法：取一平底鍋，以橄欖油煎熟雞肉後，加入1碗南瓜醬和等量開水，煮滾後，將已煮好的義大利麵下鍋拌勻，以鹽和黑胡椒粒調味即完成。

南瓜醬method 將半顆洋蔥和80克的南瓜切丁後，放入油鍋拌炒，再加300ml高湯和2片月桂葉煮至南瓜鬆軟，熄火放涼後，混合80ml的鮮奶油放入果汁機攪打成醬即完成。（沒吃完需冷凍保存。）

換個食材素素看 左頁食譜中的南瓜可任意更換成地瓜或芋頭，如果要當作寶寶的副食品，可將食材攪打成泥狀再燜煮，或加入適量切碎的紅蘿蔔、菠菜或小白菜一起燜煮，增加粥的營養價值和豐富食感。

香滑可口的蜜香甜粥

蜂蜜牛奶玉米粥

食材：

玉米粒 80克(約半碗)
牛奶 45ml(約3大匙)
雞蛋 30克(約1顆)
蜂蜜 適量

作法：

1. 取350ml容量的燜燒杯，將玉米粒放入杯中，注入熱水靜置2分鐘，攪拌或搖晃使其均勻受熱後將水倒掉，重複熱杯2次。
2. 將1顆雞蛋（若為冰雞蛋，需回溫後再使用）打散後，放入燜燒杯中，注入熱水或高湯至水位線下或內蓋下方一公分處，燜20分鐘。
3. 將牛奶加熱至60℃，倒入燜燒杯中，再調入適量蜂蜜，攪拌均勻即完成。

食在好源頭

牛奶

台灣在地酪農生產的牛奶品質優良、新鮮、純正，而著名的在地牛奶生產區有台東初鹿、花蓮吉蒸、台南柳營等，但受限於牧場腹地不似國外規模大，故生產數量供不應求，因此，除了本地牧場生產牛奶外，也進口來自澳洲和美國的牛奶。

嚴選食材小撇步

一般人以為喝起來濃醇香的牛奶為好，其實當中有可能添加增稠劑和香精，故挑選牛奶時應看清楚瓶身標示，選擇成分無調整的100%鮮乳；若含有氫化或是低脂奶精等字眼，即可能含人工添加物。

省很大！剩餘食材再利用：鮮奶酪佐百香果醬

作法：取3片吉利丁泡冷開水備用；125ml的鮮奶油混合375ml的鮮乳和25克的砂糖以中小火煮至約60℃，熄火後，加入泡軟的吉利丁，攪拌均勻後，裝入容器中冷藏，佐百香果醬食用即完成。

百香果醬method 取300克的百香果肉（約10顆），加入100克的砂糖和1大匙檸檬汁以中小火熬煮，過程需不斷攪拌和撈掉浮沫，煮至濃稠即完成。

換個食材素素看

左頁食譜中的蜂蜜牛奶也可以混搭燕麥片、葡萄乾和堅果一起吃，可將即時燕麥片代替玉米放入燜燒杯中，將牛奶加熱至60℃後，倒入燜燒杯，拴緊上蓋燜5分鐘，調入適量蜂蜜，加入碎堅果拌勻即完成。

冷熱皆宜的傳統家常味

香甜地瓜小米粥

食材：

小米 40克（約1/4量米杯）
地瓜 25克（約1/4碗）
冰糖 適量

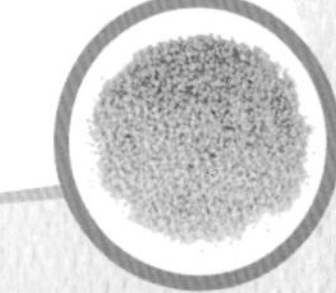

作法：

❶ 地瓜洗淨後削皮切丁備用；小米淘洗乾淨後，加水浸泡1小時。

❷ 取350ml容量的燜燒杯，將地瓜和小米放入杯中，注入熱水靜置2分鐘，攪拌或搖晃使其均勻受熱後將水倒掉，重複熱杯2次。

❸ 重新注入熱水至水位線下或內蓋下方一公分處，燜3小時後，以適量冰糖調味即完成。

食在好源頭

地瓜

台灣地瓜之栽培遍及各縣市，以中南部的雲林、台南、屏東、高雄及嘉義縣等地區最多，花蓮及台東縣最少。栽培季節可分為春作（2～4月種植）、夏作（5～7月種植）、秋作（8～9月種植）及晚秋作（10～1月種植），其中以夏、秋季節生產居多。

嚴選食材小撇步

平滑沒有發芽的地瓜比較新鮮，若只有一兩處發芽，可以挖掉後烹煮，但如果太多芽就不宜購買；此外，以鬚根少為佳，鬚根越多表示地瓜即將發芽，若有蟲蛀或受損的凹洞也不宜選購。

省很大！剩餘食材再利用：牛小排佐地瓜醬

作法：取一平底鍋不另加油，開小火熱鍋後，放入牛小排雙面各煎3～5分鐘撈起，利用煎牛小排的油脂，拌炒洋蔥或蘆筍作為配菜，並佐以香甜地瓜醬享用。

地瓜醬method 將地瓜削皮切塊後用電鍋蒸熟，放入果汁機打碎，打碎的地瓜泥加入1大匙糖和檸檬汁（1顆），不斷攪拌並以小火煮開後，放涼即完成。

換個食材素素看 左頁食譜中的地瓜也可用玉米代替，玉米獨特的鮮甜滋味，可以讓粥變得香甜可口，若再加點素火腿丁，改以鹽和黑胡椒粒調味，粥的綿密和調味近似玉米濃湯，但熱量又不比濃湯高。

補血加鐵的營養粥品

生滾豬肝粥

1.5小時

1人份

約30元

滑嫩豬肝以蔥薑提味，煮出軟嫩Q彈的口感…

食材：

白米 40克(約1/4量米杯)
豬肝 25克(約1/4碗)
米酒 5ml(約1小匙)
太白粉 5克(約1小匙)
薑 適量
蔥 適量
鹽 適量

作法：

❶ 切適量蔥花和薑末備用；白米淘洗乾淨後，加水浸泡1小時；豬肝沖洗後切丁備用。

❷ 取500ml容量的燜燒杯，豬肝以太白粉抓勻後，連同白米放入燜燒杯中，注入熱水靜置5分鐘，攪拌或搖晃使其均勻受熱後將水倒掉，重複熱杯2次。

❸ 放入薑末，重新注入熱水或高湯至水位線下或內蓋下方一公分處，燜1.5小時後，以適量鹽、米酒和蔥花調味即完成。

食在好源頭 豬肝

新鮮豬肝來自當天現宰的溫體豬，由於豬肝是豬隻的解毒器官，加上飼養豬吃的飼料可能含有生長激素、瘦肉精等不健康成分；故消費者在購買前，應了解豬隻的來源和飼養環境，確保是健康的豬隻，才能買到營養新鮮的豬肝。

嚴選食材小撇步

豬肝的色澤應呈暗紅有光澤、外表無瘀斑，且保有彈性和水分；若色澤分布不均，或呈現黑紫色，就代表不新鮮，外觀若有任何瘀斑，則表示豬肝可能已有病變或含有毒性。

省很大！剩餘食材再利用：麻油韭菜炒豬肝

作法：剩下的豬肝切成薄片，用適量的鹽、白胡椒粉、米酒、薑末醃製10分鐘；醃完後，加1小匙太白粉抓勻，接著以滾水汆燙至八分熟（約10秒～15秒）撈起瀝乾；另起一油鍋，爆香蒜末，加入燙好的豬肝和切小段的韭菜，再加1大匙的醬油、米酒、烏醋和 1 小匙砂糖，拌炒至韭菜變軟，淋上適量麻油調味即完成。

換個食材素素看

左頁食譜中的豬肝可用素豬肝代替，素豬肝通常為蒟蒻或豆類製品，使用前要切丁，以免太厚不易燜熟。為了仿真，商人可能會將之染色，故挑選時，應避免選擇含有人工色素的素豬肝。

高纖爽口的微卡清粥

清脆芹菜粥

食材：

白米 40克（約1/4量米杯）
芹菜 35克（約半碗）
鹽 適量
白胡椒粉 適量

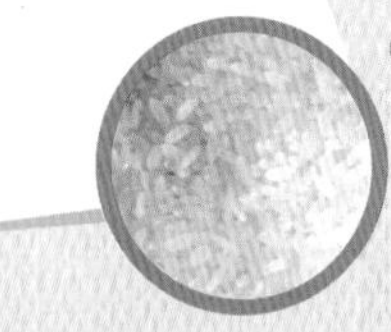

作法：

1. 芹菜以清水洗淨後，切成小段備用。
2. 取350ml容量的燜燒杯，將白米和芹菜放入燜燒杯中，注入熱水靜置3分鐘，攪拌或搖晃使其均勻受熱後將水倒掉，重複熱杯3次。
3. 重新注入熱水或高湯至水位線下或內蓋下方一公分處，燜1.5小時後，以適量鹽和白胡椒粉調味即完成。

食在好源頭

芹菜

芹菜是二年生的田園蔬菜，原產於地中海地區，一般被食用的部分為果實、根與葉子，芹菜籽生長在芹菜莖上面，有藥用價值，常用來製成保健食品。台灣地區以彰化、雲林生產最多，品種有鴨兒芹、西洋芹、荷蘭芹、山芹菜、水芹菜等。

嚴選食材小撇步

台灣產的新鮮芹菜為梗短粗壯、葉身平直挺拔，莖部呈圓形、內側微向內凹，葉色淺綠較鮮嫩；若葉子太綠，代表施肥太多或較老。此外，葉身彎曲、葉子變軟、發黃有斑者，為不新鮮的象徵。

省很大！剩餘食材再利用：沙茶芹菜炒花枝

作法：花枝切長條狀，以滾水加薑片汆燙1～2分鐘後撈起；另起油鍋，爆香蒜末，放入芹菜、花枝、辣椒和沙茶醬大火拌炒5分鐘即完成。

沙茶醬method 將紅蔥頭、蒜頭和薑爆香備用；再把扁魚酥炒至金黃酥脆，並連同蝦米、白芝麻、紅蔥頭、蒜、薑炒在一起，再放入1大匙醬油、糖和花生炒勻，放涼後，以調理機打成醬即完成。

換個食材素素看

左頁食譜中的粥可添加香菇末一起燜，有助增添粥的香氣，取2朵乾香菇泡水變軟後，去除蒂頭，切末加入燜燒杯中與芹菜和白米一起燜熟即可。建議選購本土產的香菇，其香味濃、蕈傘大、肉厚，品質極佳。

多吃高纖蘿蔔派

補鐵菠菜粥

1.5小時

1人份

約10元

口感鮮嫩的菠菜，讓人一口接著一口停不下來…

食材：

白米 40克(約1/4量米杯)
菠菜 35克(約半碗)
鹽 適量
白胡椒粉 適量

作法：

1. 菠菜以清水洗淨後，切成小段備用。
2. 取350ml容量的燜燒杯，將白米放入燜燒杯中，注入熱水靜置3分鐘，攪拌或搖晃使其均勻受熱後將水倒掉，重複熱杯2次。
3. 加入菠菜後，重新注入熱水或高湯至水位線下或內蓋下方一公分處，燜1.5小時後，以適量鹽和白胡椒粉調味即完成。

食在好源頭 菠菜

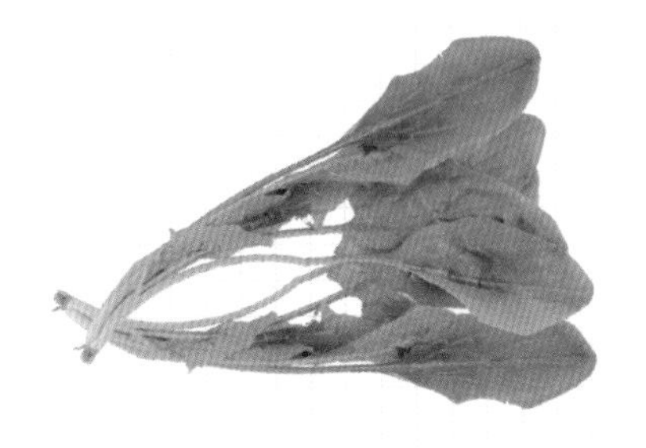

菠菜原產於波斯，在台灣一年四季都可以買到新鮮的菠菜。菠菜性喜冷涼，對高溫抵抗力弱，平地春、秋、冬季常見於全台各地栽培、種植，每年10月到隔年4月，可謂菠菜的盛產期，價格最便宜。夏季的產量銳減，並將產地轉移到高海拔山地種植。

嚴選食材小撇步

菠菜以葉片略厚、鮮翠亮麗為首選。莖部可能呈肥大型或瘦長型，但只要新鮮，都是營養豐富的好蔬菜。不新鮮的菠菜，葉緣會開始變黃，莖也有變軟彎折的現象。

省很大！剩餘食材再利用：奶油鮭魚菠菜通心麵

作法：燒一鍋滾水煮熟通心麵後備用（約10分鐘）；接著汆燙菠菜約10秒後撈起瀝乾；取一平底鍋，加少許蒜末下油鍋爆香，加入切丁的鮭魚拌炒，倒進奶油醬以小火煮滾，放入通心麵和菠菜拌勻即完成。

奶油醬method 70克的奶油放入熱鍋融化後，分次倒入70克的麵粉炒勻，再分次倒入200ml的牛奶和50ml的鮮奶油攪拌至濃稠狀，以鹽調味即完成。

換個食材素素看

左頁食譜中的粥可添加金針菇一起燜，有助增加清脆的口感，而且菠菜略帶有澀味，金針菇則正好可以消除澀味；取1小把金針菇洗淨後，去除蒂頭，切小段加入燜燒杯中與菠菜和白米一起燜1.5小時即可。

多吃增強抵抗力

強身蒜頭粥

1.5小時

1人份

約10元

辛辣味強烈的蒜頭，燜煮後滋味變得溫和…

食材：

白米 40克（約1/4量米杯）
蒜頭 15克（約3瓣）
鹽 適量
白胡椒粉 適量

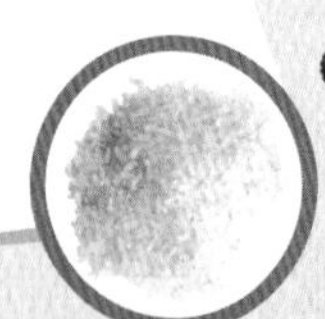

作法：

1. 蒜頭以清水洗淨後，以刀側拍扁，除去外皮切末備用。
2. 取350ml容量的燜燒杯，將白米放入燜燒杯中，注入熱水靜置3分鐘，攪拌或搖晃使其均勻受熱後將水倒掉，重複熱杯2次。
3. 加入蒜末後，重新注入熱水或高湯至水位線下或內蓋下方一公分處，燜1.5小時後，以適量鹽和白胡椒粉調味即完成。

食在好源頭

蒜頭

台灣的大蒜主要產地為雲林、台南與彰化，其中雲林的生產量佔全國總產量85%左右，其藉由發酵熟成而變成烏黑的黑蒜頗負盛名，發酵熟成後的黑蒜，刺激的辛辣味被分解，口感變得較為溫和，吃了之後嘴巴也不會有難聞氣味。蒜頭於平地產季為11月至4月生產，高冷地則在5月至10月生產。

新鮮的蒜頭，外膜呈現淡淡的銀白色，且外皮完整包覆蒜瓣；如果變成黃色或紅褐色、甚至還帶著出水的狀況，就表示蒜頭可能發霉或變質了。此外，應避免選購發芽的蒜頭，其滋味略遜一籌。

省很大！剩餘食材再利用：法式麵包佐大蒜醬

作法：將烤箱以150℃預熱後，把切片的法式長棍麵包抹上大蒜醬，放入烤3～5分鐘即完成（麵包若剛從冰箱拿出來，於表面噴少許水後再烤可以讓麵包恢復香脆口感）。

大蒜醬method 80克的含鹽奶油放室溫軟化；抓一把新鮮巴西里和5瓣大蒜切成末，與軟化的含鹽奶油拌勻後即完成。

換個食材素素看 吃方便素的人可以在左頁食譜中，添加切丁的山藥一起燜，有助增加綿密鬆軟的口感；吃全素的人可以將蒜頭換成香椿，切碎的香椿與白米一起放入燜燒杯，加熱水或高湯燜1.5小時即可。

是零食也是煮粥食材

健胃蠶豆粥

食材：

白米 40克（約1/4量米杯）
蠶豆 20克（約5～6粒）
枸杞 適量
鹽 適量
白胡椒粉 適量

作法：

1. 新鮮蠶豆以清水洗淨後，加入適量的鹽，倒入熱水燜5分鐘，即可將蠶豆皮剝除；白米淘洗乾淨後，加水浸泡1小時備用。
2. 取350ml容量的燜燒杯，將白米、枸杞和蠶豆放入燜燒杯中，注入熱水靜置3分鐘，攪拌或搖晃使其均勻受熱後將水倒掉，重複熱杯2次。
3. 重新注入熱水或高湯至水位線下或內蓋下方一公分處，燜2小時後，以適量鹽和白胡椒粉調味即完成。

食在好源頭 蠶豆

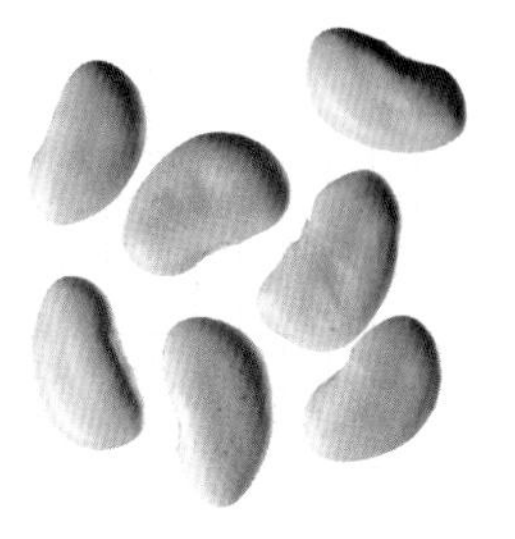

初期，台灣蠶豆的主要產地是在雲林北港一帶，但種植面積不大，工資又貴，因生產成本高，市場逐漸被進口的蠶豆取代，許多業者會從中國進口蠶豆，再到台灣加工製成蠶豆酥等零食。目前台灣的產季約在每年10月後，各地會有零星種植。

嚴選食材小撇步

一般而言，外表飽滿無損傷，帶著豆莢的蠶豆較新鮮。此外，新鮮蠶豆呈扁平略向內凹陷，表皮應為深色，帶有清爽豆香的氣味；若蠶豆顏色太淺則表示熟度不足，有異味的蠶豆則表示不新鮮。

省很大！剩餘食材再利用：蔥油炒蠶豆

作法： 起一油鍋，油少許即可，熱鍋後加入蔥段爆香，蔥白表面微焦後，再倒入蠶豆，稍微翻炒，不要猛炒以免蠶豆皮脫落，輕輕拌炒至蠶豆裂開即可；倒入半碗水，並加適量的鹽調味；蓋上鍋蓋，以大火燒煮約5～6分鐘，打開鍋蓋，繼續燒煮5分鐘，直到水已燒得將乾之時，撒入事先切好的蔥花，均勻翻炒後即可撈起盛盤，可依個人口味適量淋上些許花椒油拌勻即完成。

換個食材素素看

吃素的人可以在左頁食譜中，添加玉米粒一起燜熟，玉米的甜味和蠶豆的鬆軟口感相得益彰；也可以搭配其他帶有甜味的食材，如番茄、甜豆皮等，都適合搭配蠶豆粥放入燜燒杯中。

口感豐富的瘦身粥品

黃瓜綠豆粥

食材：

白米 40克(約1/4量米杯)
綠豆 10克(約2小匙)
小黃瓜 10克(約1/3根)
鹽 適量
白胡椒粉 適量

作法：

1. 白米和綠豆分別淘洗乾淨後，加水浸泡一晚（約8～9小時）；小黃瓜洗淨後切小片備用。
2. 取500ml容量的燜燒杯，將白米和綠豆放入燜燒杯中，注入熱水靜置5分鐘，攪拌或搖晃使其均勻受熱後將水倒掉，重複熱杯2次。
3. 重新注入熱水或高湯至水位線下或內蓋下方一公分處，燜3小時後，打開加入小黃瓜片，再燜10分鐘，以適量鹽和白胡椒粉調味即完成。

食在好源頭
綠豆

台灣綠豆的主要種植地區在嘉南平原，全台的種植面積約200公頃左右，品種以粉質綠豆為主，又稱毛綠豆，有品質優良且易煮爛的特色，主要用途為綠豆湯、糕餅、冬粉及豆芽菜；但由於綠豆不耐低溫，產季為以春夏為主。

嚴選食材小撇步

挑選綠豆應該選色澤鮮綠、豆粒大小均勻、豆子顆粒飽滿，且沒有蟲蛀者為佳。常見的綠豆可分為兩種，一為油綠豆，外皮光澤油亮，另一種是毛綠豆，表皮為霧面，有皮薄、沙多、快熟的特性。

省很大！剩餘食材再利用：綠豆地瓜湯

作法：將半杯量米杯的綠豆洗淨後，加水浸泡一晚（約8～9小時）再瀝乾，放進不放油的鍋中以小火乾炒3～5分鐘，炒到有水氣冒出時，加1大匙的水繼續翻炒，水快收乾時，再加1大匙的水；水氣蒸發後，加水淹過綠豆約2公分；開大火煮沸，煮到綠豆快裂開時，將切好的地瓜塊加入燜煮，煮至綠豆裂開、地瓜變鬆軟（約需40～50分鐘），以冰糖調味即完成。

換個食材素素看

素食者可以在左頁食譜中，添加少許鴻喜菇一起燜；鴻喜菇洗淨後，切除蒂頭，將數小朵的鴻喜菇剝下後，放入燜燒杯中與白米和綠豆一起燜，燜熟後的鴻喜菇口感滑嫩細緻，十分美味。

多種營養煮在一起

什錦杏仁粥

含有各種營養的食材融合而成的什錦百匯粥…

食材：

白米 40克（約1/4量米杯）
綠豆 5克（約1小匙）
紅豆 5克（約1小匙）
杏仁（南杏） 5克（約1小匙）
薏仁 5克（約1小匙）
糖 適量

作法：

1. 杏仁、白米、綠豆、紅豆和薏仁分別洗淨後，加水浸泡一晚（約8～9小時）。
2. 取500ml容量的燜燒杯，將杏仁、白米、綠豆、紅豆、薏仁放入燜燒杯中，注入熱水靜置5分鐘，攪拌或搖晃使其均勻受熱後將水倒掉，重複熱杯3次。
3. 重新注入熱水至水位線下或內蓋下方一公分處，燜3小時後，以適量糖調味即完成。

食在好源頭

杏仁

台灣沒有生產杏仁，故美國和大陸為主要進口國家。尤其美國加州是現今世界上最大的杏仁產地。加州有六千多家的農場專責種植，其銷售不僅包含全美國的本土市場，也占據全球80%以上。中藥行購買的杏仁多從大陸進口，可分為南杏和北杏，南杏仁味甘，又稱為甜杏仁；北杏仁味苦，故又稱為苦杏仁。

嚴選食材小撇步

顆粒大小均勻、飽滿肥厚，外觀完整、無蟲蛀或碎屑者為佳；顏色則以米白帶著淺黃色為優，若顏色太白，有可能經過漂白，以指甲按壓，堅硬者為佳，若鬆軟碎裂，代表已受潮、不新鮮。

省很大！剩餘食材再利用：現煮杏仁茶

作法： 50克的杏仁（南杏）與50克的白米洗淨後，加水浸泡一晚（8～9小時），用研磨機將白米和杏仁研磨成杏仁米漿；將杏仁米漿放入鍋中，以小火熬煮約1小時，過程中要時時攪拌，並依各人喜歡的濃稠度和甜度加水和冰糖一起熬煮，煮至冰糖融解，以濾網過濾杏仁米渣即完成，煮好的杏仁茶可以撒上花生，或搭配油條享用。（過濾後的杏仁米渣加500ml開水煮滾，即成杏仁米漿，以適量糖調味即可。）

換個食材素素看

左頁食譜中的杏仁，可以用其他堅果代替，如核桃、胡桃、腰果、南瓜子或綜合堅果等，堅果送進烤箱烤5～10分鐘，直到香氣散出，為保持堅果的脆度，不用與豆類一起燜，只要在燜熟後的粥裡撒適量堅果即可。

濃稠滑嫩的好滋味

小米山楂粥

2小時

1人份

約30元

酸甜開胃的山楂與充滿嚼勁的小米熬成的粥⋯

食材：

白米 20克（約1/5量米杯）
小米 20克（約1/5量米杯）
山楂 5克（約3～5片）
青江菜 5克（約3葉）
紅心蘿蔔 5克（約1小塊）
鹽 適量

作法：

❶ 小米和白米分別洗淨後，加水浸泡一晚（約8～9小時）；紅心蘿蔔切丁備用。

❷ 取500ml容量的燜燒杯，將小米、白米、山楂和青江菜放入燜燒杯中，注入熱水靜置5分鐘，攪拌或搖晃使其均勻受熱後將水倒掉，重複熱杯3次。

❸ 重新注入熱水至水位線下或內蓋下方一公分處，燜2小時後，以適量紅心蘿蔔丁和鹽調味即完成。

食在好源頭
小米

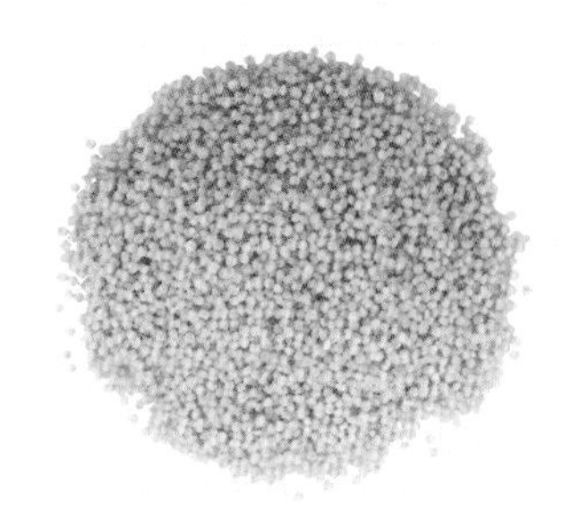

小米是台灣原住民的傳統作物，小米生長速度快，植株適應性強，早年在全台各地部落都可見到小米種植的蹤跡，成為部落最重要的糧食及祭典作物；但現今白米當道，加上開放雜糧作物進口，只剩下部落居民為祭典而少量零星栽種。

嚴選食材小撇步

優質小米應呈天然的鮮豔黃色，且外觀以光澤圓潤者為佳。將小米放入水中，若水變黃表示小米經過染色，不宜選購。此外將小米去除米糠後，裝入夾鏈袋或密封罐裡，置於陰涼常溫處保存。

省很大！剩餘食材再利用：小米煎餅佐草莓醬

作法：剩下的小米可用1杯米加2.5杯水煮成小米飯，再趁熱將雞蛋、麵粉和砂糖拌入，視情況加水使小米麵糊稠而不稀，熱油鍋將麵糊煎成小圓餅狀，佐草莓醬食用即完成。

草莓醬method 400克的草莓洗乾淨後瀝乾，切除蒂頭再切小塊，加入150克細砂糖和1大匙檸檬汁，再以小火加熱攪拌至濃稠即完成。

換個食材素素看

左頁食譜中的白米可替換成湯圓，與小米和山楂一起燜熟加糖成甜品，別有一番風味。可到市場買現成的粿碎，搓揉成約彈珠大小的湯圓，以滾水煮至湯圓浮起後，加入燜好的小米山楂粥中食用即可。

麻香四溢的健康粥品

黃豆芝麻糙米粥

食材：

黃豆 10克（約6～8顆）
白米 20克（約1/5量米杯）
糙米 20克（約1/5量米杯）
黑、白芝麻 各2.5克（各約1/2小匙）
鹽 適量
白胡椒粉 適量

作法：

1. 白米、糙米和黃豆分別洗淨後，加水浸泡一晚（約8～9小時）。
2. 取500ml容量的燜燒杯，將白米、糙米和黃豆放入燜燒杯中，注入熱水靜置5分鐘，攪拌或搖晃使其均勻受熱後將水倒掉，重複熱杯3次後，加入黑、白芝麻。
3. 注入熱水或高湯至水位線下或內蓋下方一公分處，燜3小時後，以適量鹽和白胡椒粉調味即完成。

食在好源頭
黃豆

台灣黃豆的產地主要在嘉義、雲林和花蓮等地區，品種為高雄10號、台南1號和花蓮1號。其中本土自然栽培的高雄10號，蛋白質含量高達35%，做成的豆漿能嚐到豆類天然的奶香和甘甜，香濃的氣味令人嘗過就難忘。

嚴選食材小撇步

除了本土產的黃豆，台灣也大量進口國外黃豆，其中多數為基因改造的黃豆，基改黃豆可能殘留抑菌劑、農藥，甚至有罹癌危機，因此，建議消費者選購前認明非基改黃豆的標示。

省很大！剩餘食材再利用：豆渣蔬菜煎餅配豆漿

作法：浸泡後的黃豆（1碗）加2碗水以調理機打碎，裝入棉布袋並擠出生豆漿液，再分次將4碗水裝入棉布袋，用手搓揉擠出生豆漿液並擠乾水分，將豆漿液裝入鍋中再加2碗水；接著，生豆漿放入電鍋，外鍋加2杯水煮至開關跳起，以適量砂糖調味即完成豆漿。棉布袋中的豆渣取出後，加3大匙中筋麵粉、1顆蛋、加入切絲高麗菜和鹽，拌勻成麵糊，放入油鍋煎至兩面微焦即完成豆渣蔬菜煎餅。

換個食材素素看

左頁食譜中，也可以用綜合堅果或果乾，如葡萄乾、蔓越莓乾和藍莓乾等代替黃豆，待糙米粥燜熟後，趁熱加適量砂糖，再撒上果乾或堅果，拌勻後食用，就是一道溫暖可口的甜粥了。

宮廷珍珠茶
三花舒壓茶
蜜香薏仁綠茶

下午昏昏沉沉想喝杯咖啡，
吃飽飯後也總是習慣到手搖飲料店買杯含糖飲料，
飲料價格幾乎是一個便當的花費；
不妨讓燜燒杯成為你的沖泡小茶壺，
動手泡一杯養生茶飲，
口味多元的茶飲幫你解渴、提神又減壓。

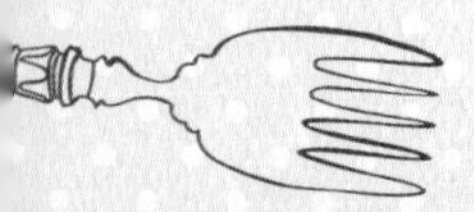

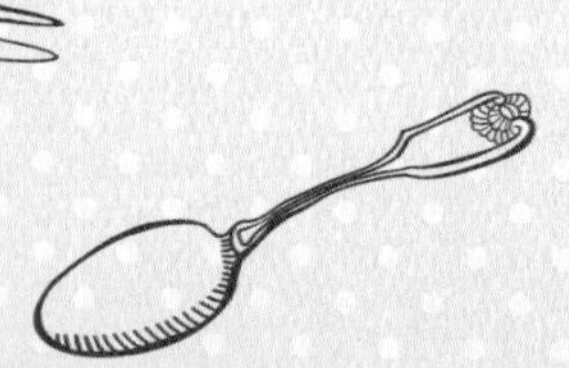

Chapter 3

只要加水栓緊燜燒杯蓋子！元氣養生茶誕生！

飯後來杯養生茶、舒眠減壓茶、花草茶，

每一杯都泡出茶香四溢～

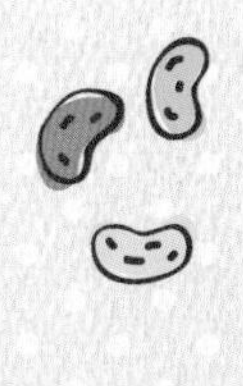

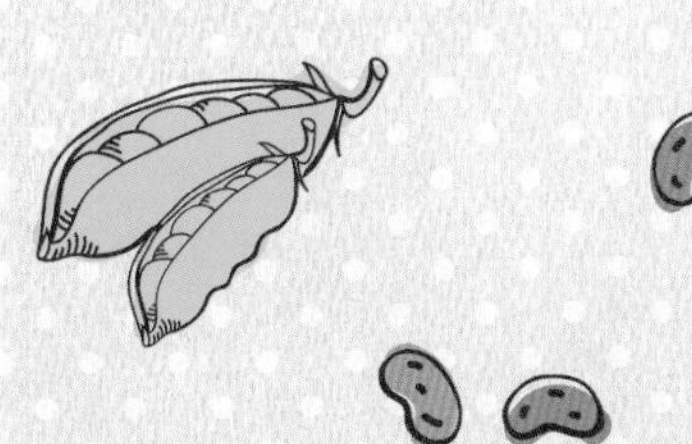

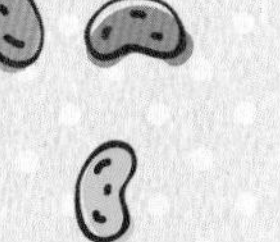

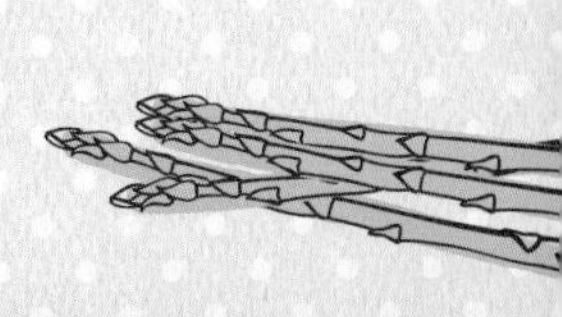

飯後一杯解油膩

雲南普洱蜜茶

普洱的清香和韻味獨具一格，
茶飲、入菜兩相宜…

食材：

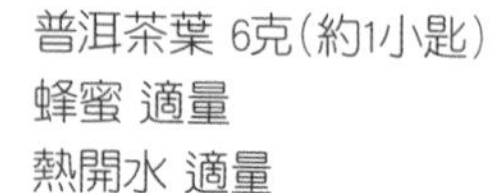

普洱茶葉 6克(約1小匙)
蜂蜜 適量
熱開水 適量

作法：

1. 將普洱茶葉放進350ml容量的燜燒杯中，倒入熱開水洗茶，清洗3～5秒立即倒掉，此步驟是為了洗去附著在茶葉外表的雜質。
2. 再次沖入熱開水至水位線或內蓋下方一公分處，拴緊上蓋，讓茶葉浸泡5分鐘。
3. 沖泡好的普洱茶可趁熱飲用，也可放至微溫，溫度約60℃較好入口，再調入適量蜂蜜飲用，風味更佳。

食在好源頭

普洱

普洱茶源於中國大陸的雲南省，茶葉經過發酵加工製成。普洱茶是越陳越香、對健康有益的好茶，經專家證明有降血脂功效。購買前試喝，應留意口感是否滋味醇和、爽滑、甘甜，意即茶湯濃而刺激性不強，沒有澀味，茶湯入口以後明顯回甘。

嚴選食材小撇步

普洱生茶色澤墨綠、湯色金黃透亮；普洱熟茶色澤紅褐、湯色紅濃明亮；二者皆以茶葉緊結、香氣純正無異味為佳。不肖茶商可能會用菊花混合不新鮮的普洱茶葉以掩蓋霉味，應避免選購和飲用。

省很大！剩餘食材再利用：普洱茶葉蛋

作法：普洱茶葉的香氣獨特，適合用來做茶葉蛋，只要準備一鍋滷汁並放入茶葉，將已煮好的雞蛋敲裂後，放進滷汁中煮40分鐘使其入味即完成。滷製後的茶葉蛋帶有普洱茶香、鹹香入味，冷藏後更好吃。

茶葉蛋滷汁method 鍋中加入400ml的熱水、150ml的醬油、滷包（中藥行可購買現成滷包）、2朵乾香菇、1大匙砂糖和普洱茶葉，滾煮10分鐘即完成。

換道料理素素看

菊花普洱茶湯麵：泡普洱茶時，加一些乾燥菊花沖泡增香；接著，取1大匙上述食譜中的滷汁，倒入菊花普洱茶中作為湯底；加入煮熟的白麵線，再加上去籽切絲的紅辣椒、適量薑泥、枸杞和碎核桃即完成。

酸酸甜甜開胃飲

地黃山楂茶

5分鐘

1人份

約12元

酸甜開胃的茶飲，讓人品嘗到山楂的香甜與元氣⋯

食材：

山楂 7克（約8片）
生地黃 5克（約1小匙）
積雪草 6克（約1小匙）
蜂蜜 適量
熱開水 適量

作法：

1. 將山楂、生地黃和積雪草搗碎或切碎成粗末狀備用。
2. 搗碎的材料放進500ml容量的燜燒杯中，倒入熱開水至水位線或內蓋下方一公分處，將材料浸泡5～10分鐘。
3. 沖泡好的地黃山楂茶可趁熱飲用，也可放至微溫，再調入適量蜂蜜飲用。

食在好源頭 山楂

台灣的山楂主要產於梨山，但是並沒有量產，約於農曆8月至10月採收成熟的果實，山楂的果肉薄、呈棕紅色、味酸微澀。山楂又名紅果、山裡紅，市面上販售的山楂多由大陸進口；產於浙江、安徽、江蘇、河南、湖北一帶。

嚴選食材小撇步

到中藥行購買山楂乾品，以切片薄而大、乾燥鬆散者為佳；試嘗一小塊，口感應為酸味濃純，肉質柔糯；若山楂片的酸味淡而僵硬，或有受潮、發霉、蟲蛀、其他雜質等，則表示不新鮮。

省很大！剩餘食材再利用：山楂咕咾肉

作法：豬里肌肉切小塊後以1大匙的醬油、糖、蒜末和米酒醃製10分鐘，醃好後，於表面均勻沾上地瓜粉炸熟，取出備用；將山楂醬倒入鍋中以小火煮滾，放入切片的甜椒煮軟後，再加入炸里肌肉拌勻即完成。

山楂醬method 將山楂片磨碎成粉後，加入適量水和1大匙檸檬汁略淹過山楂，放入電鍋蒸煮15～20分鐘，將山楂煮化，拌勻成濃稠的醬汁備用。

換個食材素素看 將上述食譜中的豬里肌肉替換成杏鮑菇，取3根杏鮑菇斜切成塊，裹地瓜粉炸熟後備用；山楂醬倒入鍋中以小火加熱，切適量甜椒片和鳳梨片入鍋拌炒，甜椒變軟出水後，加入炸好的杏鮑菇拌勻即完成。

妃嬪愛用的美容養顏飲

宮廷珍珠茶

5分鐘

1人份

約30元

帶有枸杞甜味的微糖茶飲，
口感溫潤清甜…

食材：

珍珠粉 2.5克（約半小匙）
烏龍茶葉 5克（約1小匙）
枸杞 3克（約5顆）
熱開水 適量

作法：

1. 烏龍茶葉和枸杞放進350ml容量的燜燒杯中，倒入熱開水洗茶，清洗3～5秒立即倒掉，此步驟是為了洗去附著在茶葉外表的雜質。
2. 重新倒入熱開水至水位線或內蓋下方一公分處，將材料浸泡5～10分鐘。
3. 沖泡好的茶飲加入珍珠粉，並用湯匙攪拌均勻後即可飲用。

食在好源頭

烏龍

產於臺灣的烏龍茶，屬於青茶的一種，以南投鹿谷地區所產的凍頂烏龍茶起源最早，也是知名度極高的茶葉。台灣烏龍茶以輕度發酵、團揉方式製成，外型呈現捲曲的球狀；茶湯呈金黃色，味道醇厚，有強烈果實香。

嚴選食材小撇步

挑選茶葉的基本原則是茶葉必須完全乾燥、葉形完整、不能有太多茶角、茶梗及其他雜物。此外，烏龍茶葉細聞有舒適清爽的芳香，喝起來甘醇、入喉回甘者即為好茶。

省很大！剩餘食材再利用：烏龍茶蛋糕

作法：將4顆蛋的蛋黃加60ml的橄欖油拌勻，再加入60ml的鮮奶、5克的烏龍茶粉和烏龍茶（約120ml）；分次加入混合過篩的低筋麵粉，攪拌至無粉粒的麵糊備用；將4顆蛋的蛋白分次加60克的糖粉，打發成尾端挺立的蛋白霜，將蛋白霜輕柔地拌入麵糊中，拌勻後，倒入模具中，放入預熱150℃的烤箱，烤25～30分鐘即完成。

換道料理素素看

烏龍茶奶酪：將3片吉利丁泡水軟化備用；6克的烏龍茶加250ml的牛奶以小火煮熱後熄火（溫度約60℃），加入50克砂糖拌至溶解；再混合泡軟的吉利丁和250ml的鮮奶油，裝杯冷藏後即可。

清涼補血的夏季飲品

紅棗菊花茶

含有菊花清香的茶飲，有消暑解熱之效⋯

食材：

紅棗 10克（約5～6顆）
乾菊花 3克（約3朵）
薑 適量
紅糖 適量
熱開水 適量

作法：

❶ 紅棗和乾菊花放進500ml容量的燜燒杯中，倒入熱開水熱杯，約10秒後倒掉水分。

❷ 加入拍扁的薑，重新倒入熱開水至水位線或內蓋下方一公分處，將材料浸泡5～10分鐘。

❸ 沖泡好的茶飲加入紅糖調味，並用湯匙攪拌均勻後即可飲用。

食在好源頭

紅棗

台灣市面上的紅棗有九成來自中國，苗栗縣公館鄉是碩果僅存的本土紅棗產區，紅棗在每年7月中旬進入成熟採收期，為期約40天，尤其8月上中旬採收已進入轉色期的鮮果，此時果實的風味、甜度、脆度都是最佳。

嚴選食材小撇步

本土紅棗在外觀上乾中帶亮，因為靠日照烘乾，果實雖小卻結實，且顏色明亮，香味自然，子的形狀尖而細長；有些不肖商人會在加工過程中加入防腐劑或以硫磺染色，選購時要多注意。

省很大！剩餘食材再利用：黑糖紅棗鬆糕

作法：把75克黑糖、300克麵粉、25克紅棗泥、7克泡打粉和少許開水，用打蛋器打成滑順的麵糊；倒入模具後以大火蒸40分鐘即完成。

紅棗泥method 紅棗洗淨後，加入開水（水量剛好淹沒紅棗即可），放入電鍋中，外鍋加1杯水蒸煮一次，蒸好的紅棗瀝乾後剝皮去籽，用刀剁成泥即可。（棗泥可冷凍保存3個月）

換道料理素素看

棗泥鍋餅：中筋麵粉80克加雞蛋1顆、開水160ml，拌勻成麵糊；平底鍋抹上薄油燒熱後，倒入麵糊煎成一大張薄餅；將棗泥整成長方形夾在薄餅中間包起來，接口處以麵糊黏住，煎至兩面金黃酥脆即完成。

熬夜加班上班族必喝

蜂蜜枸杞苦丁茶

食材：

苦丁茶包 3克（約1個）
枸杞 3克（約5顆）
甘草 2克（約2片）
蜂蜜 適量
熱開水 適量

作法：

❶ 將苦丁茶包、甘草和枸杞放進350ml容量的燜燒杯中，倒入熱開水洗茶，約5秒後倒掉水分，此步驟是為了洗去附著在茶葉和藥材外表的雜質。

❷ 重新倒入熱開水至水位線或內蓋下方一公分處，將材料浸泡5～10分鐘。

❸ 沖泡好的茶飲放置微溫後，加入蜂蜜調味，並用湯匙攪拌均勻後即可飲用。

食在好源頭 枸杞

枸杞在台灣只有少量種植，故市面上的枸杞有九成來自中國。苗栗縣公館鄉和三義鄉是台灣種植枸杞面積最大的區域，桃園縣觀音鄉的元音農場則是台灣唯一以枸杞為主題的農場，園區內有大片面積種植枸杞，且一年四季皆生產。

嚴選食材小撇步

挑選枸杞首要注意外觀是否有長霉、顏色是否太過鮮豔，若鮮豔異常，可能有添加化學藥水，可靠近細聞有無刺鼻的藥水味。此外，選擇外型較長、顆粒飽滿者為佳，吃起來有淡淡香甜於舌尖散開。

省很大！剩餘食材再利用：鳳梨蝦球佐枸杞醬

作法： 取蝦仁8尾劃開背部，拌入適量白胡椒粉和1大匙米酒抓醃入味，再撒上2大匙卡士達粉抓勻，下油鍋炸至金黃酥脆，撈起瀝油後混合適量鳳梨丁，並佐枸杞醬食用。

枸杞醬method 將2大匙白芝麻放入調理機中打成粉，再加進枸杞、100ml的冷開水打勻後即完成枸杞醬。

換個食材素素看 將上述食譜中的蝦仁換成蒟蒻製成的素蝦仁，料理前，將素蝦仁沖洗後拭乾水分，裹上1顆蛋、2大匙麵粉、100ml開水和1大匙太白粉拌勻的麵糊；下油鍋炸至金黃酥脆，並與鳳梨丁和枸杞醬拌勻，即為素的鳳梨蝦球。

回甘現泡就是好喝

蜜香薏仁綠茶

食材：

薏仁 5克(約1小匙)
綠茶茶葉 3克(約1小匙)
枸杞 3克(約5粒)
蜂蜜 適量
熱開水 適量

作法：

1. 將薏仁放入鍋中以小火拌炒，炒至色澤焦黃（建議一次炒半斤薏仁，放涼後裝進密封罐，可保存三個月）。
2. 將炒好的薏仁、綠茶茶葉和枸杞放進350ml容量的燜燒杯中，倒入熱開水至水位線或內蓋下方一公分處，將材料浸泡5～10分鐘。
3. 沖泡好的茶飲放置微溫後，加入蜂蜜調味，並用湯匙攪拌均勻後即可飲用。

食在好源頭

蜂蜜

全台灣各地皆出產蜂蜜，主要為龍眼蜜、荔枝蜜及百花蜜等，每年產量為3～6千公噸。其中龍眼蜜香氣濃郁，為國人所偏好，由於國內產量不足供應內需，加上生產成本亦高，因此每年由國外進口約2千公噸的蜂蜜，大多來自泰國。

嚴選食材小撇步

蜂蜜中含有花粉，選購前，可將蜂蜜加水搖一搖，搖晃後出現大量泡沫，浮在蜂蜜水上久久不散者為真蜜；也可以將蜂蜜沾一點在手指上搓一搓，真正的蜂蜜搓揉後很黏，聞起來甜中帶酸。

省很大！剩餘食材再利用：雞腿佐蜂蜜芥末醬

作法：將蒜頭2瓣、半小匙鹽、1大匙橄欖油和迷迭香混合成醃料，將去骨雞腿排放入醃製一晚（約8～9小時），取一平底鍋不放油，放入雞腿以小火煎熟後佐蜂蜜芥末醬食用即完成。

蜂蜜芥末醬method 1大匙的芥末籽醬和蜂蜜，混合1/2大匙的檸檬汁、2.5大匙沙拉醬，攪拌均勻即完成。

換個食材素素看 將上述食譜中的去骨雞腿排換成杏鮑菇，料理前，將杏鮑菇沖洗後拭乾水分，切成長形厚片，去除醃料食材中的蒜頭，改加適量黑胡椒粒，杏鮑菇放入醃料裡，冷藏醃製約1小時；入味後雙面煎熟佐醬食用即可。

清新天然的檸檬香氣

檸檬草苦瓜茶

食材：

綠苦瓜 15克（約1/5碗）
檸檬草 2克（約1/2小匙）
荷葉 1克（約1/3小匙）
蜂蜜 適量
熱開水 適量

作法：

1. 將綠苦瓜洗淨後，去籽除瓤切薄片，並放入500ml的燜燒杯中，倒進熱開水靜置3分鐘熱杯，重新注入熱開水至水位線或內蓋下方一公分處，燜20分鐘，煮熟綠苦瓜後，將水分倒掉。
2. 將檸檬草和荷葉放進燜燒杯中，倒入熱開水至水位線或內蓋下方一公分處，浸泡5～10分鐘。
3. 沖泡好的茶飲放置微溫後，加入蜂蜜調味，並用湯匙攪拌均勻後即可飲用。

食在好源頭

苦瓜

苦瓜原產於亞熱帶，在台灣一年四季皆有生產苦瓜，5～10月為盛產期，產地以彰化、南投、雲林、花蓮為主。苦瓜的顏色有白、綠之分，白色的苦瓜苦味較淡，食用較普遍，綠苦瓜苦味較重，但煮過後有甘味。綠苦瓜常被用於榨汁飲用，建議可搭配鳳梨、葡萄、香蕉、芒果、百香果等風味鮮明的水果榨汁，以降低苦味。

選購苦瓜以果體端正、果面潔白或呈淡綠色、果面瘤狀突出明顯，不受蜂咬、果瘤不破裂或碰傷、結實不柔軟者為佳。苦瓜不耐寒，故放入冰箱冷藏之前，先包覆報紙或保鮮膜，可避免凍傷。

省很大！剩餘食材再利用：鹹蛋炒苦瓜

作法： 將鹹蛋的蛋白和蛋黃分開，鹹蛋白切末、鹹蛋黃壓成泥備用；苦瓜切成薄片，加少許鹽放入塑膠袋中，搖晃拌勻約3分鐘，可瀝出苦水（有些人會將苦瓜汆燙後去除苦味，但汆燙會使苦瓜軟化，口感較不鮮脆），苦瓜取出後備用；鹹蛋白下油鍋炒勻，接著放入苦瓜和蛋黃拌炒，加1小匙糖、1大匙高湯炒勻後，再加入適量蒜末、蔥花拌炒均勻即完成。

換道料理素素看

醬燒綠苦瓜： 將等比例的醬油、味醂和開水混合為醬汁備用；綠苦瓜洗淨後切成厚圈備用；油鍋燒熱後，放入苦瓜圈，以小火煎至底部焦黃；在苦瓜圈中加砂糖，再倒入醬汁，蓋上鍋蓋燜煮至醬汁收乾即完成。

快速消水腫的美體飲品

茯苓桂枝甘草茶

5分鐘

1人份

約20元

甘淡的茯苓混合濃郁的桂枝，
燜煮成消水腫飲品…

食材：

茯苓 5克(約1小匙)
桂枝 3克(約2/3小匙)
甘草 1克(約2片)
蜂蜜 適量
熱開水 適量

作法：

❶ 將茯苓、桂枝和甘草放入360ml的燜燒杯中，倒進熱開水洗茶，清洗3～5秒立即倒掉，此步驟是為了洗去附著在材料上的雜質。

❷ 重新注入熱開水至水位線或內蓋下方一公分處，將材料浸泡5～10分鐘。

❸ 沖泡好的茶飲放置微溫後，加入蜂蜜調味，並用湯匙攪拌均勻後即可飲用。

食在好源頭 甘草

市售的甘草主要由大陸進口，產於東北、華北和西北地區。甘草喜生長在弱鹼性沙地、草原、河岸、荒漠與半荒漠環境中，能耐零下30℃～40℃的低溫，在夏季酷熱的荒漠、半荒漠地帶也生長良好；農民通常於春季和秋季播種。

嚴選食材小撇步

一般在中藥行購買的甘草已是切片後，其質地堅實，斷面看得出明顯的纖維，斷面呈現黃白色，有明顯的環狀紋路和放射狀紋理。細聞其味，帶有淡淡甜味；若聞起來有硫磺味，表示品質不佳。

省很大！剩餘食材再利用：紹興甘草醉雞

作法：將去骨雞腿以清水洗淨後擦乾，抹上薄鹽後，取一張鋁箔紙墊在雞腿下（雞皮朝下），將雞腿捲成圓筒狀後，放入電鍋蒸30分鐘，蒸好後剝除鋁箔紙，將雞腿捲放入紹興醬汁浸泡並冷藏一晚即完成。

紹興醬汁method 將100ml的紹興酒混合等量開水，加入當歸1片、甘草2片、適量紅棗、枸杞和鹽巴，攪拌均勻後即完成。

換道料理素素看

甘草檸檬：甘草磨成粉備用（可請中藥行幫忙磨粉）；將2顆檸檬切成薄片，均勻撒上鹽後冷藏一晚，隔天將瀝出的水分倒掉；撒上梅粉和甘草粉，冷藏5天（早晚攪拌一次），再放入烤箱烤乾即可。

女孩必備的美顏飲品

玫瑰蜂蜜茶

5分鐘

1人份

約15元

帶有濃郁花香的芬芳茶飲，
舒心療癒…

食材：

乾玫瑰花 2克（約2朵）
黃檸檬 5克（約1片）
紅茶茶葉 2克（約1/2小匙）
蜂蜜 適量
熱開水 適量

作法：

❶ 將乾玫瑰花、紅茶茶葉放入360ml的燜燒杯中，倒入熱開水洗茶，清洗3～5秒立即倒掉，此步驟是為了洗去附著在茶葉外表的雜質。

❷ 重新倒入熱開水至水位線或內蓋下方一公分處，將材料浸泡5～10分鐘。

❸ 黃檸檬洗淨後切薄片，放入沖泡好的茶飲中，茶飲放置微溫後，加入蜂蜜調味，並用湯匙攪拌均勻後即可飲用。

食在好源頭

玫瑰

台灣全年均出產玫瑰花，且品種多元、品質優良，冬季和春季以平地的中部及高屏地區品質為佳，中低海拔的南投國姓、埔里等地一年四季均產，中高海拔的南投仁愛、信義鄉則以夏季生產為主。食用玫瑰須有機栽植，不可使用農藥；玫瑰香味則因品種各有不同，有的會散法如茴香、沒藥、樹薯、蘋果或者是其他水果之香氣。

挑選乾燥玫瑰前，先觀察是否有不屬於玫瑰的雜質，良好的玫瑰沒有多餘雜質，且花形完整無碎裂；以熱水泡開後，花朵完整表示新鮮優質；此外，茶湯的顏色呈淡紅，若過於豔紅可能有添加色素。

省很大！剩餘食材再利用：美式鬆餅佐玫瑰醬

作法： 取1杯低筋麵粉混合1杯牛奶，加1大匙融化奶油、1顆蛋、2大匙砂糖和1小匙泡打粉，混合成麵糊後，煎至雙面微焦，再佐玫瑰醬食用。

玫瑰醬method 煮150ml的滾水，加100克砂糖煮融，再加30克剪碎的花瓣和少許檸檬汁，小火煮10分鐘後熄火，再加少許檸檬汁靜置10分鐘，接著開火煮至玫瑰花醬呈半凝固狀即完成。

換道料理素素看

玫瑰葡萄果凍： 將25克砂糖混合15克的果凍粉，並取適量玫瑰花瓣泡在100ml的葡萄汁中備用；200ml的水煮熱後，加入混合砂糖的果凍粉煮融，再倒入葡萄汁和玫瑰花瓣；拌勻後倒入模具中放涼冷藏即可。

減輕工作疲勞和壓力

三花減壓茶

5分鐘

1人份

約25元

紓解壓力滋補身心，花香療癒無負擔…

食材：

乾玫瑰花 2克（約2朵）
乾茉莉花 2克（約2朵）
乾玳玳花 2克（約2朵）
川芎 3克（約2小片）
荷葉 3克（約2小片）
蜂蜜 適量
熱開水 適量

作法：

1. 將乾玫瑰花、乾茉莉花、乾玳玳花、川芎和荷葉放入500ml的燜燒杯中，倒入熱開水洗茶，清洗3～5秒立即倒掉，此步驟是為了洗去附著表面的雜質。
2. 重新倒入熱開水至水位線或內蓋下方一公分處，將材料浸泡5～10分鐘。
3. 待茶飲放置微溫後，加入蜂蜜調味，並用湯匙攪拌均勻後即可飲用。

食在好源頭

茉莉

彰化花壇是茉莉花的故鄉，也是台灣最大的茉莉花產地。每年的春末至秋初是茉莉花的產季。要保留茉莉花的香氣，必須在花朵含苞時摘取，當花苞成熟轉為純白色時，就是採花的時機，倘若花已開，香味也會跟著流失。

嚴選食材小撇步

品質好的茉莉花茶，芽葉上的茸毛看起來很明顯，且茶香濃郁，花香和茶香的香味皆濃郁持久。而品質差的茉莉花茶香氣不夠純正，含有一定的雜味，而且花香不持久、花葉鬆散、不勻整。

省很大！剩餘食材再利用：焦糖煎香蕉佐茉莉蘋果醬

作法：香蕉剝皮對切後，在表面均勻撒上砂糖，取平底鍋，放入少量奶油，將香蕉表面煎至焦脆，佐茉莉蘋果醬食用即完成。

茉莉蘋果醬method 青蘋果2顆洗淨後削皮去籽切小塊，放入果汁機攪打成泥狀，加100ml開水以小火煮滾；再加檸檬汁1大匙和150ml麥芽糖續煮至濃稠，放入適量乾燥茉莉花拌勻熄火即完成。

換道料理素素看

茉莉花茶凍：取7克的茉莉花混合8克綠茶茶葉，放入1000ml熱水中浸泡約3分鐘，過濾茉莉花茶葉，只留茶湯備用；15克的吉利丁粉混合70克砂糖，放入溫熱茶湯中拌至溶解；裝入模具中，放涼冷藏即可。

油切茶飲自己做

雙花山楂茶

食材：

山楂 3克(約2片)
乾菊花 3克(約2朵)
金銀花 3克(約2朵)
蜂蜜 適量
熱開水 適量

作法：

1. 將山楂、乾菊花和金銀花放入350ml的燜燒杯中，倒入熱開水洗茶，清洗3～5秒立即倒掉，此步驟是為了洗去附著在表面的雜質。
2. 重新倒入熱開水至水位線或內蓋下方一公分處，將材料浸泡5～10分鐘。
3. 待茶飲放置微溫後，加入蜂蜜調味，並用湯匙攪拌均勻後即可飲用。

食在好源頭

菊花

台灣的中部地區是菊花的主要產地，但是多以插花用或觀賞菊花為主，而在苗栗和台東有種植食用的菊花。目前食用菊花品種主要以黃花及白花杭菊兩種，富有香氣，喜生長在涼爽的環境下，泡茶、入菜皆適宜。

嚴選食材小撇步

挑選時，應避免挑選色澤過白或有刺鼻味的乾菊花，料理前先以流動清水沖洗數次，並重複換水浸泡後再烹煮；乾菊花也應先沖泡熱水一次後倒掉，即可避免食入殘留農藥。

省很大！剩餘食材再利用：菊花紅豆糕

作法： 紅豆40克洗淨後，浸泡在水中一晚，鍋內加三碗水，以小火煲煮1小時，加20克砂糖拌成紅豆泥備用；菊花洗淨後，加600ml的清水煮滾，再以小火續煮8分鐘，接著用濾網撈起菊花和殘渣，放入冰糖60克和洋菜粉8克，煮至完全溶解後熄火，再將已煮軟的紅豆泥倒入菊花糖水中拌勻後，裝入模具中，然後放入冰箱冷藏至凝固即完成。

換道料理素素看

蜂蜜菊花果凍： 將300ml的水煮沸，加入乾菊花續煮約5分鍾，熄火過濾菊花後，放涼備用；果凍粉15克與細砂糖30克混合，加入菊花茶中拌至溶解，再加入蜂蜜拌勻；倒入模具中，放涼冷藏後即完成。

天天輕鬆喝的溫和茶飲

茯苓杏仁桂萍茶

5分鐘

1人份

約35元

溫熱飲用，讓茶飲幫身體添加溫暖…

食材：

杏仁、茯苓 5克(各約3顆)
桂枝 2克(約1/2小匙)
浮萍 5克(約1小匙)
澤瀉 5克(約3片)
制半夏 3克(約3片)
甘草 2克(約2片)
蜂蜜 適量

作法：

1. 將茯苓、杏仁、桂枝、浮萍、澤瀉、制半夏和甘草磨成粗末（購買時可請中藥行代為磨製），接著將上述材料之粗末用茶袋裝起來，放入500ml的燜燒杯中，倒入熱開水洗茶，清洗3～5秒立即倒掉，此步驟是為了洗去附著在表面的雜質。
2. 重新倒入熱開水至水位線或內蓋下方一公分處，將材料浸泡5～10分鐘。
3. 待茶飲放置微溫後，加入蜂蜜調味拌勻後即可。

食在好源頭

茯苓

茯苓又名茯菟、茯靈、伏苓、松苓等，產於中國大陸雲南、安徽、湖北、河南及四川等地。雲南產的茯苓因頗負盛名，又是道地生產的藥材，故又名雲苓。台灣市面上販售的茯苓，幾乎都進口自中國大陸。

嚴選食材小撇步

茯苓形狀有如甘薯，外表粗糙呈黑褐、棕褐色，內部則為白色或淺棕色。中藥行販售的茯苓，均已切成薄片或方塊，因此挑選時應選色白細膩，摸起來質地鬆脆，易折斷碎裂者為佳。

省很大！剩餘食材再利用：茯苓豆沙糕

作法： 180ml開水和120克的砂糖煮成糖水；再將200克在來米粉、150克糯米粉和1大匙茯苓粉混合過篩後，放入糖水攪拌成糊；用篩網將一半的麵糊過篩進蒸籠，鋪上豆沙後，再篩入另一半，大火蒸30分鐘即可。

紅豆沙method 500克的紅豆洗淨後泡水一晚，水倒掉後，放入電鍋，外鍋加一杯水蒸煮，重複2～3次蒸煮至紅豆變軟，再趁熱加300克砂糖拌成豆沙。

換道料理素素看

紅豆蓮子茯苓湯： 紅豆1.5杯與茯苓2～3塊以大火煮滾後加鍋蓋轉小火，煮20分鐘後加入蓮子，再煮20分鐘後加入紅棗，最後持續煮20分鐘即可關火，依各人口味添加適量黑糖調味即完成。

甜香好喝的芳香茶飲

桂花枸杞茶

5分鐘

1人份

約20元

冷熱皆宜，讓溫和香甜的茶飲幫你解身體的疲勞…

食材：

桂花 5克（約1小匙）
茶葉 3克（約1/2小匙）
枸杞 3克（約1/2小匙）
蜂蜜 適量
熱開水 適量

作法：

1. 將桂花、茶葉（紅茶、綠茶或烏龍茶皆可）和枸杞放入350ml的燜燒杯中，倒入熱開水洗茶，清洗3～5秒立即倒掉，此步驟是為了洗去附著在表面的雜質。
2. 重新倒入熱開水至水位線或內蓋下方一公分處，將材料浸泡5～10分鐘。
3. 待茶飲放置微溫後，加入蜂蜜調味，並用湯匙攪拌均勻後即可飲用。

食在好源頭

桂花

桂花在苗栗、石碇皆有種植，可分為八月桂和四季桂。八月桂花又細分為金桂、銀桂、丹桂，於農曆八月開花；四季桂一年多次開花，花呈黃白色或淡黃色，香味較淡。可食用的桂花為金桂，其香氣柔和、味道可口，可作為甜點食材。

嚴選食材小撇步

經過乾燥後的桂花，顏色會略微發黃，呈黃中帶綠的色澤，乾燥、優質的桂花拿在手裡感覺很輕，且用手能夠輕易捏碎；如果桂花茶的顏色灰暗，或有綿軟發潮的現象，即為不新鮮的桂花。

省很大！剩餘食材再利用：桂花蜜湯圓

作法：糯米粉105克加70克的水混合成糰，取1/6的糯米糰放入滾水中煮至浮起（約1～2分鐘），混合原本的糯米糰並搓揉出數顆小湯圓，燒一鍋水煮至浮起後，佐桂花蜜食用。

桂花蜜method 取乾燥桂花50克，以清水洗淨後瀝乾，加1小匙鹽抓勻醃漬20分鐘；接著放入蒸籠蒸3分鐘，取出放涼後裝罐，倒入蜂蜜混合即完成。

換道料理素素看

枸杞桂花糕：乾燥桂花3大匙和枸杞2大匙以清水洗淨後，放入熱水煮5分鐘後瀝乾；1000ml的熱水混合110克冰糖和10克洋菜粉，攪拌至溶解；再放入桂花和枸杞拌勻，倒入模具放涼冷藏即可。

保健身心的養生茶飲

首烏丹參綠茶

5分鐘

1人份

約25元

增強新陳代謝，幫助身體去蕪存菁保健康…

食材：

何首烏 5克（約2片）
綠茶茶葉 3克（約1/2小匙）
丹參 3克（約1片）
澤瀉 1克（約1片）
蜂蜜 適量
熱開水 適量

作法：

1. 將何首烏、綠茶茶葉、丹參和澤瀉磨成粗末（可請中藥行代為磨之），磨好後裝進茶袋中，放入500ml的燜燒杯中，倒入熱開水洗茶，清洗3～5秒立即倒掉，此步驟是為了洗去附著在表面的雜質。
2. 重新倒入熱開水至水位線或內蓋下方一公分處，將材料浸泡5～10分鐘。
3. 待茶飲放置微溫後，加入蜂蜜調味，並用湯匙攪拌均勻後即可飲用。

食在好源頭

綠茶

台灣綠茶產量稀少，主要產地在新北市三峽區，種類為台灣龍井茶及台灣碧螺春茶，主要茶種為青心柑種，「青心柑種」的兒茶素和茶多酚含量最高，三峽更是唯一產地，其中龍井的製程較繁複又不耐儲存，產量也日益稀少。其屬於不發酵綠茶，因此喝起來清新自然，最能喝到茶葉的原始芳香。

嚴選食材小撇步

挑選碧螺春應選擇外觀碧綠、芽尖毫多明顯，茶乾亮麗、茶湯翠綠者為佳；龍井的外觀平片、翠綠、不萎凋，茶湯呈黃綠色。在清明節前採收的龍井稱為「明前龍井」，品質最為上等。

省很大！剩餘食材再利用：法式長棍佐薄荷綠茶醬

作法：將法式長棍麵包斜切成厚片，鋪上番茄片和羅勒葉，加1、2滴橄欖油送至烤箱烤3～5分鐘，烤好後佐薄荷綠茶醬即完成。

薄荷綠茶醬method 取1/2小匙的綠茶茶葉磨粉備用；將新鮮薄荷葉數片，洗淨瀝乾後切成細絲，混合奶油乳酪50克、原味優格15克、蜂蜜1大匙和綠茶粉，攪拌均勻後即完成。

換道料理素素看

日式綠茶麻糬：將1大匙的綠茶茶葉研磨成粉，混合糯米粉2杯、玉米粉1杯、2杯牛奶、6大匙砂糖和沙拉油1大匙（可用葵花油或葡萄籽油），微波7分鐘後，切成小方塊狀，在表面裹上可可粉即完成。

雪梨紅棗銀耳湯
紅棗花膠燉烏骨雞
羊肉海參湯

一個人好懶得下廚嗎？煮得滿身油煙味，

飯後還要清洗油膩鍋鏟，想到就讓人倒盡胃口；

讓美食鍋當你的魔法小湯鍋吧！

煲一鍋料多實在的湯，不用炒、不用炸，無油煙、零鍋鏟，

一個人喝很滿足，

用來配飯或下麵，兩個人喝也很足夠。

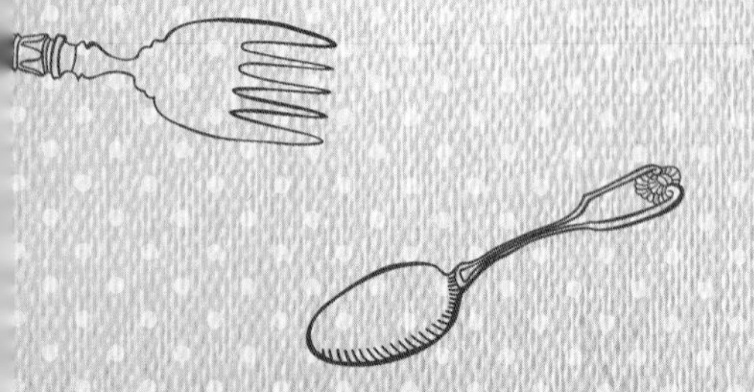

Chapter 4

一鍵煲湯難不倒！湯好料足好味到！

份量飽足的煲湯，

當作一個人的主食、兩個人的湯品都適用～

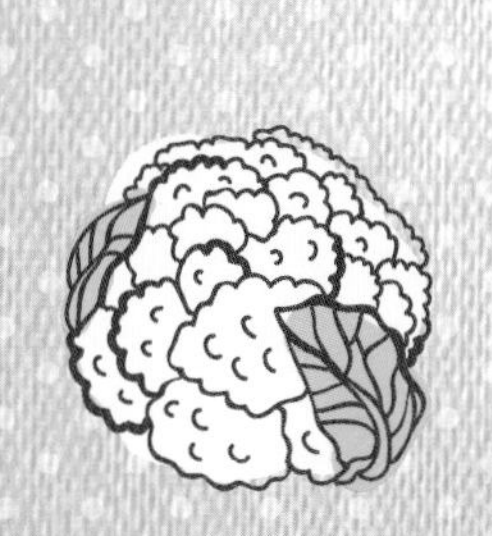

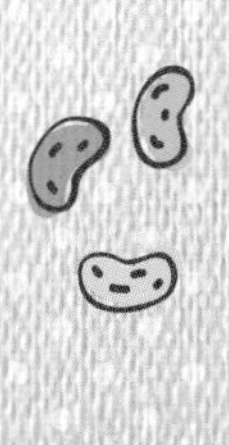

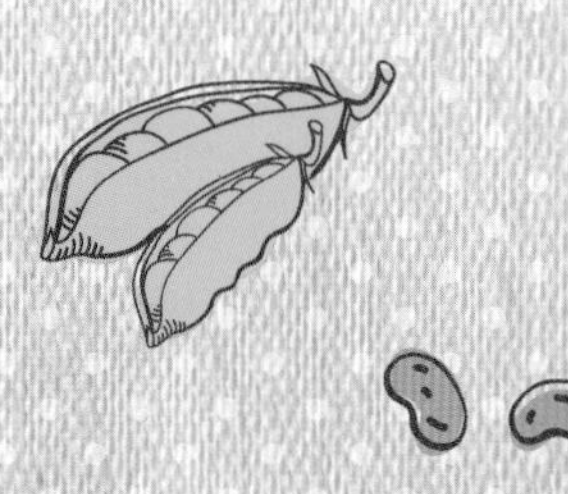

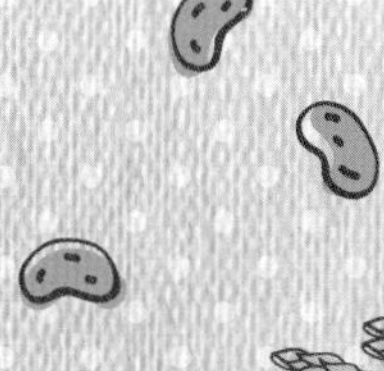

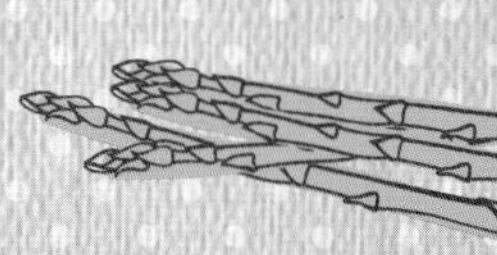

使用難易度 ★☆☆☆☆

→

→

快煮、簡單、便利、好用

美食鍋使用指南

美食鍋超值饗樂下廚趣

用美食鍋烹煮料理變化多，而且不需耗費瓦斯，具備小巧好拿的外型，用電量更節約，份量也很好拿捏。只要確實掌握美食鍋的煮食特性，就能餐餐享用各式單身料理，成為您不可或缺的灶咖小幫手。

美食鍋主要構造

美食鍋有快速煮食的功能，其材質能迅速導熱，並有防止空燒、自動斷電等安全防護設置，以下即為美食鍋的構造介紹：

1. **鍋蓋**：隔熱材質把手，耐熱防燙；透明玻璃上蓋，煮食狀況一目了然。
2. **鍋身**：不鏽鋼材質的寬大鍋身，導熱迅速，有效節省烹調時間；煮完能快速清洗。
3. **溫度控制**：可調式的溫度控制，無論高溫或低溫煮食，都能一手掌握。

美食鍋料理小筆記

美食鍋的材質導熱快，能利用高溫將食物快煮至熟；此外，手拿的造型輕巧好握取，無論在房間或客廳，只要有插座，就能立刻煮食不求人，輕便的移動機能，絕對是下廚的好幫手。

雖然美食鍋便利好用，卻必須有正確的使用觀念，才能在享用美食之餘，延長美食鍋的效能和壽命，以下即列出美食鍋的烹煮技巧：

1. 初次使用美食鍋，請先注入開水，啟動電源煮滾後，倒掉第一次煮沸的水，以確保使用衛生，再開始煮食。
2. 盛裝食物、熱湯或注入開水時，應掌握七分滿原則；若超過七分滿的界線，加熱至水滾後，易使內容物溢出而影響美食鍋的使用。
3. 欲發揮美食鍋快速煮食效能，注入適量開水或欲加熱的食物後，蓋上鍋蓋再轉動加熱開關，能更快煮滾鍋內食物。
4. 食材於美食鍋中煮熟後，別急著打開鍋蓋，利用餘熱燜一下，可以讓滷製或煮湯的食材更加入味可口。
5. 以美食鍋加熱的食物或便當，應於該餐內盡速食用完畢，以確保新鮮美味，避免隔餐食用或重複加熱，以免食物變質。
6. 使用後的美食鍋，應拆解後再行清洗，將鍋身與底座分離，以海綿沾取中性洗劑，充分清洗煮食後的鍋子內部並晾乾之；嚴禁將鍋身浸泡在水中，或使用菜瓜布和金屬類製品刷洗，以免影響加熱功能，甚至對不鏽鋼材質造成損害。
7. 美食鍋不耐重摔或碰撞，撞擊力道可能導致鍋身變形、損壞，進而影響導熱效果。
8. 雖然美食鍋煮好就能直接端上餐桌，但不宜使用刀叉在鍋中切割食物，以免割損容器，導致美食鍋的品質劣化。
9. 由於美食鍋為快速加熱型容器，為避免燙傷疑慮，請勿用手觸碰鍋身；煮食後，欲將美食鍋移開電源底座前，先確認電源是否關閉。

10. 水加太少、食材聚集成團、材料放太多、太滿，皆可能導致溫度加熱不均勻，以致溫度開關跳掉；因此，煮食前，應先將食材均勻拌開後再加熱，放入鍋中的食材和水量也應控制在七分滿左右。

NO! 別對美食鍋這麼做

美食鍋的用途雖然相當廣泛，蒸、煮、滷、燉都適用，水煮、汆燙、加熱也很方便，但有些使用上的事項須注意，以下即列舉出使用美食鍋的禁止事項：

1. **請勿放入烤箱、微波爐和烘碗機等電子產品：**美食鍋為不鏽鋼製的金屬器皿，若放入烤箱、微波爐或烘碗機中，可能產生火花，造成危險。
2. **請勿利用瓦斯爐、電磁爐或黑晶爐等加熱：**美食鍋不宜放在瓦斯爐、電磁爐或黑晶爐等加熱電源上，以免導致產品損壞。
3. **勿將產品置於水中浸泡：**美食鍋請勿置於水中浸泡，避免水分浸入美食鍋內部、電源開關及電源底座等內部零件。
4. **不可用於煎、炸：**美食鍋用於油炸易使食物沾黏於鍋底，導致鍋子的材質損壞而不堪使用。
5. **請勿過度刷洗：**美食鍋不可使用強力清潔洗劑或金屬製刷具進行清洗，以免損壞外觀，或有加熱不均的情形。

用美食鍋做出不敗料理

使用美食鍋烹煮食材的你，是否曾遇到加熱功能突然停止、斷電、煮不滾、煮不熟或燒焦等情形呢？錯誤的料理方式會讓美食鍋受損，美味也大打折扣，故本書幫大家整理出煮食的不敗守則，讓每一道被你經手的料理都能信心滿滿地端上桌。

1. **加熱開關的掌控：**遇到煮不滾的情形，先觀看加熱開關是否開到最高溫，再將鍋蓋蓋上，使內容物更快煮滾；因美食鍋的導熱相當快速，若開關確實轉至最高溫，通常很快就會煮沸。此外，若須以蔥段或蒜末入鍋爆香時，溫度不宜過高，以免因高溫而使加熱停止，建議用中低溫略微煎過後，即加水滾煮，避免乾燒過久而損壞鍋子。除少量蔥段和蒜末外，肉類、海鮮或份量較多的蔬菜禁止以空鍋乾炒或乾煎，以免造成大面積的沾鍋，而發生燒焦情形。

2. **鍋內要隨時保持適量水分：**大多數的美食鍋都有自動斷電的安全設置，這是在鍋子因空燒或溫度過高時，自動關閉電源的安全性措施，故無論是滷、蒸、煮時，都要讓鍋內有足夠水量，防止因空燒斷電。

3. **讓食材均勻受熱：**尚未完全解凍的食材，若直接丟入湯汁或滾水中煮，會使食材受熱不均，而有生熟不一的情形；故煮食時，應徹底解凍食材，並讓食材均勻分散在鍋內加熱。

4. **煮食份量的拿捏：**市面上的燜燒鍋容量各有差異，故應依據購買容量，控制鍋內材料最多裝至七分滿，以免食物或湯汁溢出，而誤流至電源開關，或因份量太多而遲遲煮不滾。

美食鍋選購建議

俗話說：「工欲善其事，必先利其器。」美食鍋的品牌、種類百百款，購買前務必要細細挑選一番。美食鍋的稱呼並不統一，市面上販售的快煮鍋、蒸煮鍋、電碗、隨行鍋等，都是原理類似的鍋具，以下就教大家如何挑選品質優良的隨行小灶咖。

1. **可調式開關：**煮食時需有火力大小的配合，才能煮出有層次的口感和味道，故能夠調節溫度的可調式開關，是煮食不可缺少的配備。

2. **自動斷電裝置：**為了避免食物於鍋中加熱過度而燒壞鍋子，防乾燒及開水煮沸後的自動斷電保護裝置，能保護鍋子不因高溫損壞，並增加安全性。

3. **隔熱設計：**挑選美食鍋時，最好選擇有隔熱效能的鍋蓋和鍋身，以免不小心被燙傷。

4. **密合度高的把手：**以手握取的設計雖然簡便，但隔熱把手必須緊密貼合鍋身，不得有鬆動不牢靠的情形。

以上的參考事項，能協助大家挑選一只輕便好用的美食鍋，有了實用的美食鍋，就可以隨時隨地開啟便利下廚的饗樂生活。

滋補養生的鮮味湯品

紅豆煲鯉魚粉絲

飽足感滿分的粉絲和鮮魚，
讓一人份料理也很豐盛…

食材：

鯉魚 75克(約半尾)
紅豆 30克(約2大匙)
竹筍 30克(約1/4碗)
黑木耳 30克(約半碗)
冬粉 2克(約1把)
薑、蔥 適量
鹽 適量

作法：

1. 鯉魚去鱗、去腮後，剖開魚肚取出內臟，以清水洗淨並剁成塊備用；切適量蔥花、薑片、筍片和黑木耳備用。
2. 紅豆洗淨後，加水浸泡一晚（約8～9小時）。
3. 美食鍋加水煮滾後，將鯉魚、紅豆、薑片、黑木耳、筍片及少許鹽放入美食鍋中，高溫煮沸後，轉中低溫煲煮45分鐘，再加入冬粉續煮5分鐘，撒上蔥花即完成。

食在好源頭 紅豆

台灣地區的紅豆通常於秋冬稻田收割後種植，主產地集中在南部的高屏地區，屏東地區的栽培面積約佔78%，此地的萬丹紅豆更以品質優良著稱。除高屏地區，嘉義和台南也有種植。台灣紅豆的生產成本較高昂，但本土產的紅豆品質優良，比進口紅豆更新鮮，建議可多加選購。

嚴選食材小撇步

紅豆以顆粒整齊均勻、色澤紅潤且飽滿有光澤、皮薄者為佳。挑選前，可試聞紅豆，能散發豆香者則為良品。保存紅豆應確實密封後，置於乾燥、通風處；若是冷藏保存，不宜超過20天。

省很大！剩餘食材再利用~小餐包佐蜂蜜紅豆醬

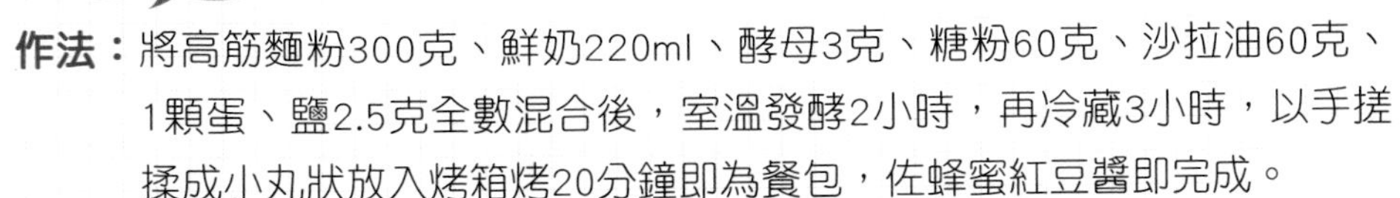

作法： 將高筋麵粉300克、鮮奶220ml、酵母3克、糖粉60克、沙拉油60克、1顆蛋、鹽2.5克全數混合後，室溫發酵2小時，再冷藏3小時，以手搓揉成小丸狀放入烤箱烤20分鐘即為餐包，佐蜂蜜紅豆醬即完成。

蜂蜜紅豆醬method 100克的紅豆泡水一晚後，加水超過紅豆高度3公分，以電鍋蒸30分鐘；若不夠軟可再蒸30分鐘，蒸軟後調入蜂蜜拌勻即可。

換個食材素素看 左頁食譜中，可以素魚排代替鯉魚放入美食鍋中煲煮，不要加蔥花，即可輕鬆變換成素食湯品。市售的素魚排多為加工製品，易添加過量的防腐劑或化學添加物，購買前應選擇優良廠商，才不會買到不新鮮的素製品。

鮮甜濃稠的補身湯品

紅棗花膠燉烏骨雞

濃稠膠質多

1小時

1人份

約150元

充滿膠質的湯頭，濃郁鮮甜、滋潤可口…

食材：

烏骨雞腿 100克(約1支)
紅棗 10克(約5顆)
花膠 20克(約1小片)
黃耆 5克(約3片)
薑 適量
鹽、米酒 適量

作法：

1. 烏骨雞腿洗淨後切塊備用；美食鍋加水煮滾後，汆燙雞肉約5分鐘後，撈起瀝乾，並將血水倒掉。
2. 把薑片、紅棗、黃耆、花膠、雞肉和米酒放進美食鍋中，加水後蓋上蓋子以高溫煮滾。
3. 煮滾後，轉中低溫繼續燜煮約1小時，以適量鹽調味即完成。

食在好源頭

烏骨雞

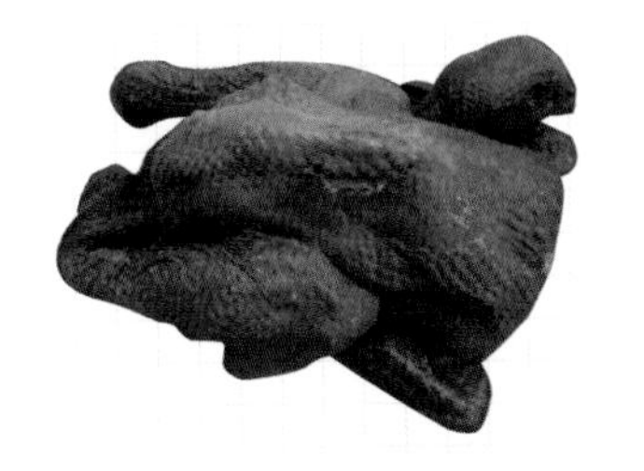

烏骨雞可分為白毛烏骨雞、黑毛烏骨雞和斑毛烏骨雞等品種，以上皆統稱為絲羽烏骨雞。絲羽烏骨雞為中國古老雞種之一，相傳從唐高宗至今已有一千三百餘年的歷史，並且至少有四百餘年之飼養歷史。台灣各地皆有養殖，如台南、花蓮的牧場或農場中皆有飼養。

嚴選食材小撇步

因烏骨雞多為燉補之用，故比肉雞體型小，飼養70～80天，重量約1.2～2公斤最為適中，肉質也最為軟嫩。購買時，以雞肉的毛孔粗大、無滲出血水為新鮮；表示雞肉成熟度剛好，運動量也足夠。

省很大！剩餘食材再利用~蒜頭蛤蜊燉烏骨雞

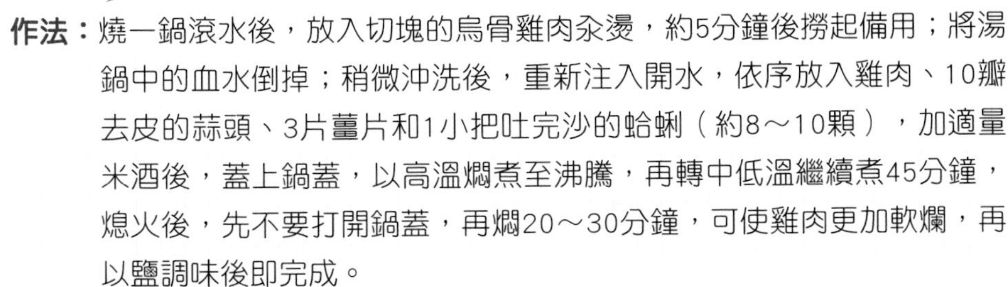

作法：燒一鍋滾水後，放入切塊的烏骨雞肉汆燙，約5分鐘後撈起備用；將湯鍋中的血水倒掉；稍微沖洗後，重新注入開水，依序放入雞肉、10瓣去皮的蒜頭、3片薑片和1小把吐完沙的蛤蜊（約8～10顆），加適量米酒後，蓋上鍋蓋，以高溫燜煮至沸騰，再轉中低溫繼續煮45分鐘，熄火後，先不要打開鍋蓋，再燜20～30分鐘，可使雞肉更加軟爛，再以鹽調味後即完成。

換個食材素素看

左頁食譜中，可以糯米玉米或杏鮑菇、鴻喜菇等菇類代替烏骨雞和花膠放入美食鍋中煲煮，添加適量枸杞和麻油，即可變化為素食湯品。市售的糯米玉米口感軟Q有嚼勁，有白色和紫色品種可選購。

無懼寒冷的溫補湯品

羊肉白菜湯

多汁鮮甜的白菜和新鮮羊肉，
每一口都讓人意猶未盡…

食材：

羊肉片 100克（約10片）
白菜 15克（約3大葉）
枸杞 10克（約10粒）
米酒 適量
薑 適量
鹽 適量

作法：

1. 美食鍋加水後以高溫煮滾。
2. 切適量薑片，連同羊肉片、白菜和枸杞放進美食鍋中，蓋上蓋子以高溫煮滾。
3. 煮滾後，轉中低溫繼續燜煮約20分鐘，以適量鹽和米酒調味即完成。

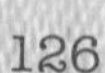

食在好源頭
白菜

大白菜原產於華北地區，受氣候及環境影響而有短筒型白菜、平頭型白菜和長筒型白菜等形狀。目前台灣冬季的主要產地在彰化、雲林、嘉義、台南等地，夏季產地則以高冷地區為主（如梨山、南山等）。

嚴選食材小撇步

選購時應挑選球體緊密結實、底部堅硬，且葉片完整、沒有枯黃、老硬、腐爛等為宜。以報紙包裹放於陰涼處，約可保存一星期；若包裹好再以塑膠袋密封存放於冰箱，可延長保存約兩星期。

省很大！剩餘食材再利用~奶油醬烤白菜

作法： 白菜洗淨後切小片，以滾水汆燙變軟，撈出瀝乾備用；將培根和洋蔥切丁炒香，拌入白菜炒勻後，盛入烤皿，淋上奶油醬再撒上乳酪絲焗烤至融化焦黃即完成。

奶油醬method 40克奶油放入鍋中以小火加熱融化，再加3大匙中筋麵粉炒香，慢慢加入400ml牛奶攪拌均勻，以起司、鹽和黑胡椒粒調味後即完成。

換個食材素素看

左頁食譜中，可將板豆腐切小塊，代替羊肉片放入美食鍋中與白菜一起煲煮。市售的板豆腐常有不肖業者添加防腐劑以延長保鮮期，故買回家後，先以開水煮滾，再將豆腐浸泡在大量清水中，即可讓化學成分溶解於水。

酸筍蔥雞湯

清脆爽口的酸筍和新鮮蔥花，
帶出雞湯的鮮甜滋味⋯

食材：

雞肉 100克（約1碗）
酸筍 25克（約8片）
蔥 適量
米酒 適量
薑 適量
鹽 適量

作法：

1. 美食鍋加水以高溫煮滾，將切塊後的雞肉放入汆燙5分鐘，再撈起瀝乾備用，並把血水倒掉。
2. 切適量薑片，連同酸筍和雞肉放進美食鍋中，加水至七分滿後，蓋上蓋子以高溫煮滾。
3. 煮滾後，轉中低溫繼續燜煮約30分鐘，以鹽和米酒調味，撒上蔥花即完成。

食在好源頭
雞肉

雞隻養殖在台灣相當普遍，北中南皆有養雞場，中南部的農家也有零星養殖；若消費者想選購高品質的雞隻，可親臨養雞場觀察飼養環境是否乾淨舒適，並有足夠空間讓雞隻活動，雞隻若健康有活力，雞肉品質自然優良。

嚴選食材小撇步

新鮮雞肉的肉質緊密，色澤粉紅、有光澤；而雞皮為米色，有亮澤感和張力，且以毛囊突出者為好；到市場購買雞肉時，可以用手觸摸雞肉，以不黏手者為佳，若摸起來有黏液，則表示不新鮮。

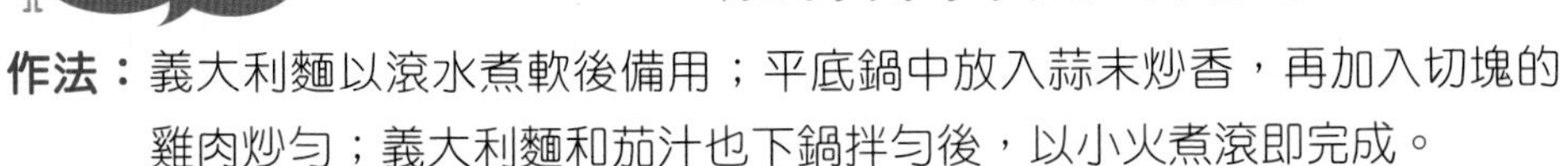

作法：義大利麵以滾水煮軟後備用；平底鍋中放入蒜末炒香，再加入切塊的雞肉炒勻；義大利麵和茄汁也下鍋拌勻後，以小火煮滾即完成。

茄汁method 將3～4顆牛番茄去皮切丁、半顆洋蔥去皮切丁、適量蒜瓣和辣椒切末後，下鍋加少許油以小火爆香，加入一罐番茄糊（約300克）和等比例的開水，煮滾後放入切碎的羅勒，續煮10分鐘即完成。

換個食材素素看

左頁食譜中，可將豆包切小塊，代替雞肉放入美食鍋中與酸筍一起煲煮，吸飽酸筍湯頭的豆包，變得入味可口，市售的豆包有分為油炸後的豆包和未油炸的生豆包，建議使用未經油炸的生豆包較為健康。

慢火煲煮的清甜湯品

牛肉煲地瓜湯

鬆軟綿密的地瓜和新鮮溫體牛，煲煮出清甜湯頭…

食材：

牛肉 80克(約1碗)
地瓜 45克(約1條)
薑 適量
鹽 適量

作法：

1. 美食鍋加水以高溫煮滾，將切塊後的牛肉（建議使用牛腱或牛肋部位，也可以用牛肉片）放入汆燙，撈起備用，並將血水倒掉。
2. 地瓜洗淨後削皮切小塊，切適量薑片，連同牛肉和地瓜放進美食鍋中，加水至七分滿，蓋上蓋子以高溫煮滾。
3. 煮滾後，轉中低溫繼續燜煮約60分鐘，以鹽調味後即完成。

食在好源頭
牛肉

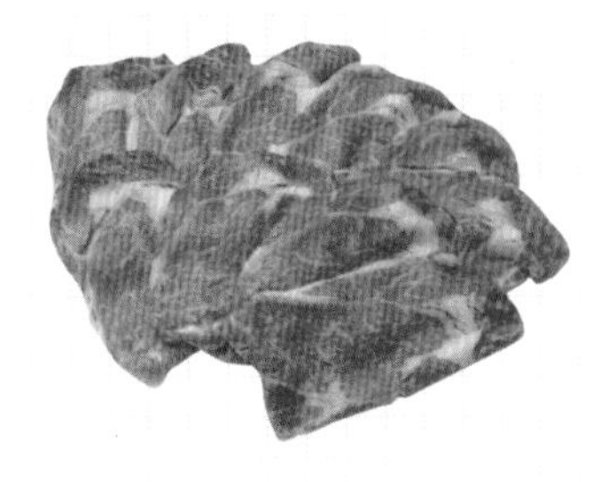

台灣的肉牛主要生產縣市為屏東縣、金門縣、彰化縣、雲林縣及臺南市。本土牛肉的飼養方式與國外不同，本土牛採放牧式，牛肉的油脂分布均勻，也不似進口牛肉較肥膩，而且在地飼養更能保留牛肉的新鮮美味。

嚴選食材小撇步

新鮮牛肉呈均勻的紅色，具有光澤，脂肪呈潔白色或呈乳黃色，聞起來具有鮮牛肉特有的氣味，以手按壓肉的表面，凹陷能立即恢復；不新鮮的牛肉色澤呈暗紅，肉質無光澤，脂肪呈綠色。

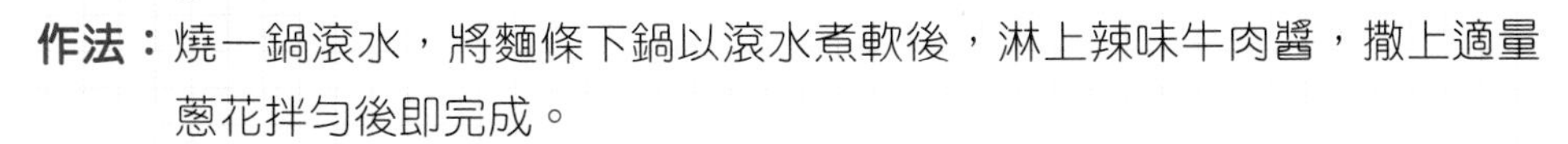

省很大！剩餘食材再利用~香辣牛肉醬拌乾麵

作法： 燒一鍋滾水，將麵條下鍋以滾水煮軟後，淋上辣味牛肉醬，撒上適量蔥花拌勻後即完成。

牛肉醬method 將200克的牛肉切成肉末，以1大匙的醬油、米酒和太白粉醃製1小時，下油鍋炒熟後，取3大匙的豆瓣醬、1塊豆腐乳、1大匙蠔油和甜麵醬混合後加入鍋中與牛肉拌炒，再撒上適量花椒粉、五香粉和辣椒粉炒勻即完成。

換個食材素素看

左頁食譜中，可以用花菇和山藥代替牛肉放入美食鍋中與地瓜一起煲煮，花菇的香氣能為湯頭增香，加上口感溫潤鬆綿的山藥和地瓜，即能煮出色香味俱全的素食湯品。市售的花菇多從日本和韓國進口，有濃郁菇香。

美味的鮮魚湯品

草魚豆腐湯

肉質細緻的草魚和滑嫩豆腐煮的湯，請趁鮮喝下…

食材：

草魚 100克(約1尾)
豆腐 45克(約1塊)
豆苗 10克(約1小把)
薑 適量
辣椒 適量
米酒 適量
鹽 適量

作法：

1. 草魚洗淨後，去除鱗片和內臟（可請魚販清理）切塊；豆腐洗淨，切小塊；豆苗和辣椒洗淨，將辣椒去籽切絲備用。
2. 用美食鍋燒滾水後，加入薑絲、辣椒絲、草魚和豆腐，以高溫煮滾。
3. 煮滾後，轉中低溫繼續燜煮約25分鐘，起鍋前，放入豆苗，以鹽和米酒調味即完成。

食在好源頭

板豆腐

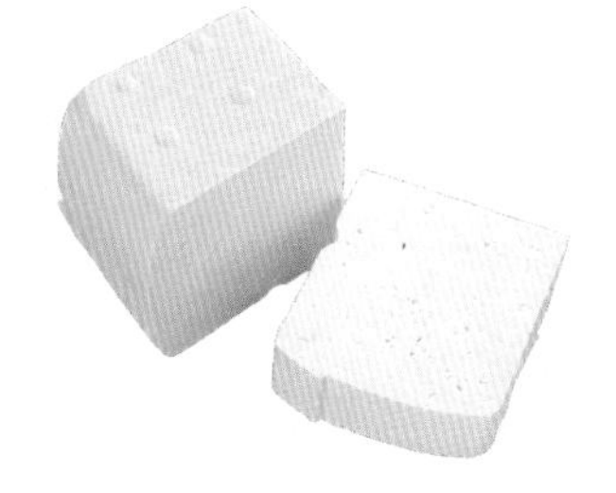

板豆腐的原料是黃豆，將黃豆磨漿、去渣、加鹽滷，經過多道步驟而製成，北中南都有工廠生產豆腐、豆皮、豆乾和豆漿等豆製品；新莊和桃園更有豆腐觀光工廠開放消費者參觀、了解豆腐和其他豆製品的製程。

嚴選食材小撇步

優質豆腐呈現均勻的乳白色或淡黃色，表面稍有光澤；且塊形完整無損、軟硬適度，略有彈性，結構均勻、無雜質。不新鮮的豆腐表面發黏，結構粗糙而鬆散，觸之易碎，聞起來有豆腥味或餿味。

省很大！剩餘食材再利用~黑胡椒鐵板豆腐

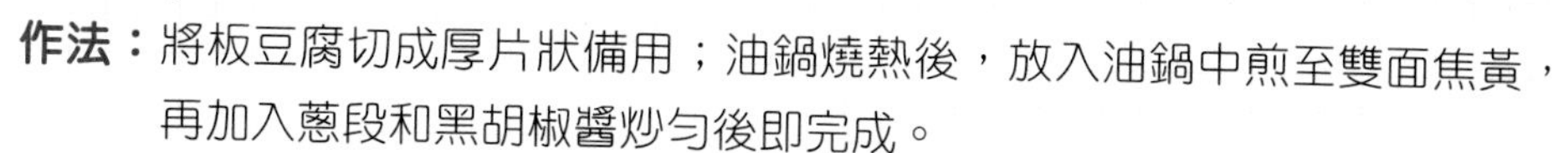

作法：將板豆腐切成厚片狀備用；油鍋燒熱後，放入油鍋中煎至雙面焦黃，再加入蔥段和黑胡椒醬炒勻後即完成。

黑胡椒醬method 將1/4顆洋蔥去皮切丁，以適量奶油下鍋炒香，取5瓣蒜頭切成蒜末，連同1小匙的黑胡椒、鹽、糖和醬油拌炒；加3大匙水煮滾後，以適量太白粉水勾芡即完成。

換個食材素素看

左頁食譜中，可以菱角代替草魚放入美食鍋中一起煲煮，再加入香菜提味，即能變化成素食湯品。秋季是菱角的產季，挑選時，以兩角尖硬、中間飽滿、色澤呈全黑者為佳，若摻雜紅色，表示成熟度不足。

不腥不羶的羊肉湯品

羊肉海參湯

60分鐘

1人份

約80元

口感滑嫩的海參和紮實的羊肉，滋味溫和甘甜…

食材：

羊肉 100克（約1碗）
海參 50克（約半碗）
枸杞 10克（約10粒）
薑 適量
鹽 適量

作法：

1. 羊肉以清水沖洗乾淨後，切塊以滾水汆燙備用。
2. 海參洗淨後，放入水中泡發（切勿使用熱水，以免外部被煮熟而內部吸收不到水分或溶化）切塊；薑洗淨後，切絲備用。
3. 將羊肉、海參、薑絲、枸杞和適量水放入美食鍋中，煮滾後，轉中低溫繼續燜煮約60分鐘，以鹽調味後即完成。

食在好源頭
海參

食用的海參主要來自韓國和中國東北附近的海岸。海參又稱為「海中人參」，通常生活在水溫較低的海底，以浮游生物為食；因營養價值極高，常被當作高級補品食用，而用來入菜的海參可分為豬婆參、禿參及刺參，當中以刺參最名貴。

嚴選食材小撇步

選購豬婆參或禿參時，以肥胖飽滿、體形粗長、色澤黑褐鮮亮、肉質有彈性及底部平滑者為佳；刺參則以有香味，刺針長且密，體形粗長，觸摸為乾品且有刺硬感，尤其感覺刺手者為佳。

省很大！剩餘食材再利用~XO醬燴海參

作法：海參切塊以大火蒸15分鐘；用油爆香蒜末，加入1大匙XO醬和米酒、1小匙蠔油、糖和適量開水，煮滾後放入海參以小火煮3分鐘即可。

XO醬method 將15克的蝦米、紅蔥頭、蒜頭、辣椒切碎、火腿切丁備用；100克魷魚絲切2公分細絲，再加200ml開水蒸軟後瀝乾；鍋中倒入300ml的沙拉油，將上述材料炒香後關火，加適量紹興酒後即完成。

換個食材素素看 左頁食譜中，可以猴頭菇代替羊肉、木耳代替海參，放入美食鍋中一起煲煮，加入數顆紅棗增加湯頭的鮮甜味，再加適量麻油增添香氣。若是使用乾木耳，下鍋烹煮前，須以清水泡發，以免口感生硬。

冬令進補的首選湯品

猴頭菇煲雞湯

吸滿湯汁的猴頭菇和鮮嫩多汁的雞肉，一定很好吃…

食材：

雞腿 100克(約1支)
猴頭菇 60克(約1碗)
麻油 5ml(約1小匙)
薑 適量
鹽 適量

作法：

1. 猴頭菇洗淨後切小塊，雞腿切塊後以清水洗淨，汆燙5分鐘後備用，並將血水倒掉。
2. 在美食鍋中放入適量薑片、猴頭菇和雞腿，加水至七分滿後，以高溫煮滾。
3. 煮滾後，轉中低溫繼續燜煮約50分鐘，以適量麻油和鹽調味即完成。

食在好源頭

猴頭菇

猴頭菇是台灣引進栽培的食用菇，因外型酷似猴頭而得名。栽培生產猴頭菇的地方，有行政院國軍退除役官兵輔導委員會森林保育處，利用棲蘭山廣闊的森林積極培植；在南投埔里和嘉義中埔也有種植。現今的猴頭菇種植多以太空包方式栽培，其蕈肉肥嫩多汁，味道鮮美而且營養豐富，煲湯、燒菜皆適宜。

新鮮的猴頭菇顏色乳白中帶點黃，外觀為毛茸茸的模樣，購買時，選擇乾燥、輕盈、緊實、有香氣者為佳品。若摸起來濕濕黏黏，色澤萎黃，甚至有酸味或異味，則為不新鮮的猴頭菇。

省很大！剩餘食材再利用~三杯猴頭菇

作法：猴頭菇以清水洗淨後以手撕成小片，再放進烤箱烤7分鐘備用；薑片以麻油略炒後，加入猴頭菇和三杯醬汁以小火滾煮，待醬汁收乾後，加入九層塔快速拌炒後即完成。

三杯醬汁method 取1.5大匙的醬油、1小匙砂糖、100ml的米酒和125ml的開水，均勻混合後即完成。

換個食材素素看

左頁食譜中，可以各式菇類，如鮮香菇、杏鮑菇、鴻喜菇和美白菇等，代替雞腿放入美食鍋中一起煲煮，於湯頭中加入紅棗和枸杞增加湯頭的鮮甜味，或到中藥行購買藥膳包熬湯，即能變化成豐富的素食湯品。

寒冬必吃的進補湯品

薑母鴨

熱熱的喝一碗，身心都溫暖起來⋯

食材：

薑 50克(約半碗)
鴨肉 100克(約1碗)
米酒 600ml(約1瓶)
麻油 15ml(約1大匙)
中藥包 30克(約1包)
高麗菜 適量
鹽、香菜 適量

作法：

1. 美食鍋加水以高溫煮滾後，將鴨肉切塊放入汆燙5分鐘，撈起備用；血水倒掉後洗淨、擦乾美食鍋。
2. 用刀背把薑拍扁備用；麻油倒入美食鍋中，並放入拍扁的薑，以中低溫煸一下後，倒入米酒和適量水，以高溫煮滾。
3. 放入鴨肉、高麗菜和中藥包，煮滾後，蓋上鍋蓋，轉中低溫燜煮50分鐘，以適量香菜和鹽調味即完成。

食在好源頭
鴨肉

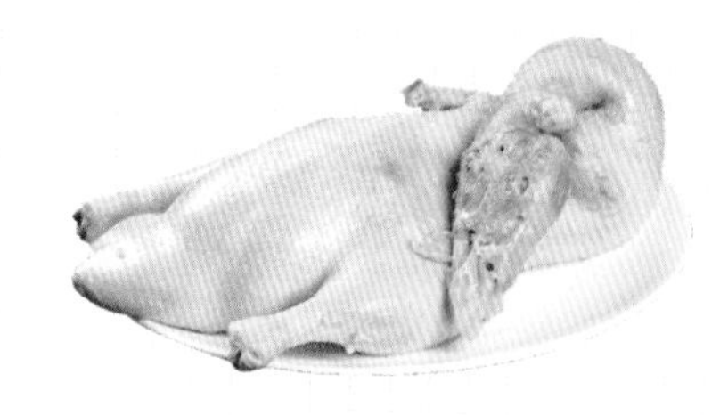

養鴨事業（含肉鴨與蛋鴨）為台灣農業傳統的經濟活動，尤以鴨蛋及其加工品為台灣具本土特色的農產。肉鴨於宜蘭、南投和屏東等地區皆有養殖，尤以宜蘭三星生產的櫻桃鴨名氣響亮，所謂的櫻桃鴨是指來自英國櫻桃谷的品種，肉質鮮甜、有彈性。

嚴選食材小撇步

眼球飽滿、明亮是新鮮鴨肉的標誌，以手觸碰鴨肉，肉質應緊實有彈性，鴨肉身上的脂肪呈淡黃色。若為不新鮮的鴨肉，不僅眼睛混濁、鴨蹼乾縮無彈性，肉質摸起來也有黏膩感。

省很大！剩餘食材再利用~鹽水鴨佐酸辣醬

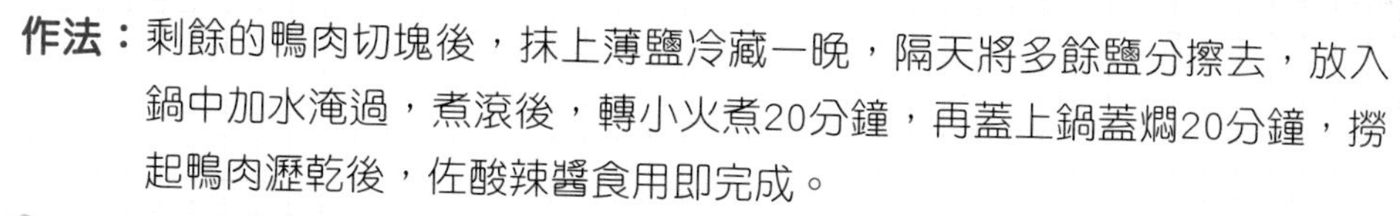

作法： 剩餘的鴨肉切塊後，抹上薄鹽冷藏一晚，隔天將多餘鹽分擦去，放入鍋中加水淹過，煮滾後，轉小火煮20分鐘，再蓋上鍋蓋燜20分鐘，撈起鴨肉瀝乾後，佐酸辣醬食用即完成。

酸辣醬method 將15克的蒜頭和辣椒切末後，放入小鍋中，再加米醋醃過，加1小匙鹽和糖，以中小火煮滾後待冷卻，淋上1大匙香油即完成。

換個食材素素看

左頁食譜中，可用百頁豆腐、花菇、豆皮等食材代替鴨肉，放入美食鍋中一起煲煮，再加入茼蒿和金針菇煮出蔬菜的鮮甜，即能變化成素食補品。若不喜歡酒味太重，也可依個人口味減量使用。

小資的美顏滋補甜品

雪梨紅棗銀耳湯

食材：

水梨 80克(約半顆)
銀耳 20克(約1大朵)
紅棗 10克(約5顆)
冰糖 適量

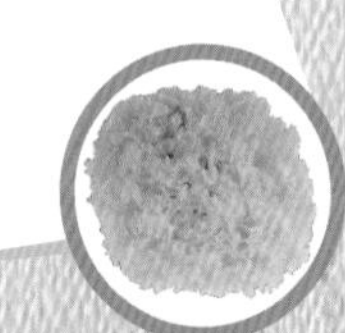

作法：

1. 將水梨以清水洗淨後，削去外皮，去掉果核，切小塊備用。
2. 銀耳放進開水中泡發，取出後沖洗乾淨，切除較硬的部分，撕成小朵。
3. 將水梨、銀耳、紅棗與冰糖放入美食鍋中，加水至七分滿，以高溫煮滾後，蓋上蓋子，轉中低溫燜煮約40分鐘即完成。

食在好源頭 梨子

台灣的梨子種植遍布各地，台中和平鄉、南投仁愛鄉、新竹橫山、台中東勢等地區皆為優質梨子的生產地區。其品種多元，包含蜜梨、新世紀梨、豐水梨、幸水梨和新興梨等。此外，台灣獨有的高接梨，是將海拔較高的果樹樹枝剪斷，嫁接在平地梨樹上，生產出高品質的溫帶梨，此為本土之特殊品種。

選購時，應挑選果形端正、形狀渾圓、果頂飽滿、果皮有光澤者為佳，表皮上的果點較細者，表示成熟度佳，且水分充足。若外表有水傷、碰傷、蟲蛀則表示水梨不新鮮，不宜選購。

省很大！剩餘食材再利用~蔥肉捲佐蘋果水梨醬

作法：切適量蔥段和豬里肌肉片，肉片攤開後，捲入蔥段，再以牙籤固定；平底鍋中加少許油，放入蔥肉捲煎熟後，佐蘋果水梨醬即完成。

蘋果水梨醬method 將蘋果和水梨洗淨後，削去外皮，蘋果去核切塊後，以果汁機打成泥備用，水梨切丁；放入鍋中以小火煮滾，加2大匙檸檬汁和50克砂糖，不停攪拌，煮至濃稠狀即完成。

換道料理素素看

冰糖燉水梨：取一顆水梨洗淨後對切成兩半，挖除果核後，放入碗中，於挖除的凹洞中，放入適量冰糖和1小匙的川貝粉，放入電鍋中，外鍋加兩杯水，蒸煮至電源開關跳起即完成。

蔥香山藥燴杏鮑菇

芝麻醬拌菠菜

蒜泥蒸茄子

一個人買便當，青菜量總是只有一點點，

調味太重又油膩，買份燙青菜卻不便宜；

其實想呷菜有更實惠的方式，

把美食鍋當作你的個人煮菜鍋，

料理蔬菜只要這一咖，就能煮出更多變的蔬食風格，

補足每日所需蔬菜量。

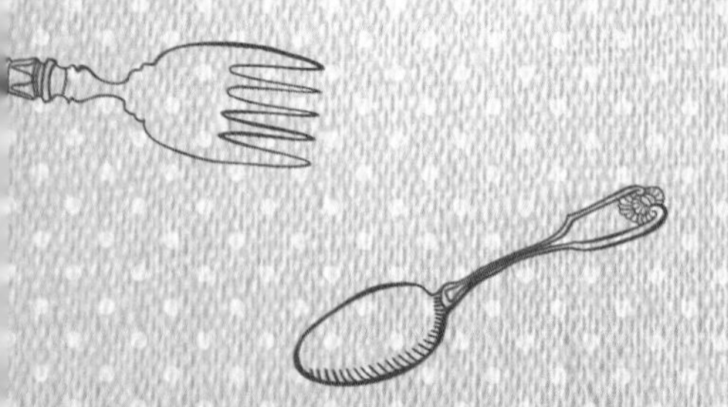

Chapter 5

蔬食料理一鍋搞定！鎖住營養和風味！

醬燒、燴煮、涼拌、清蒸各式蔬食，

讓每餐的蔬菜攝取都呷夠夠～

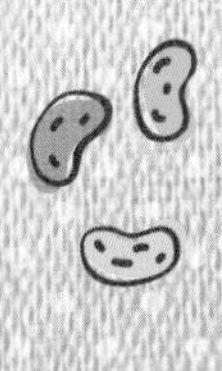

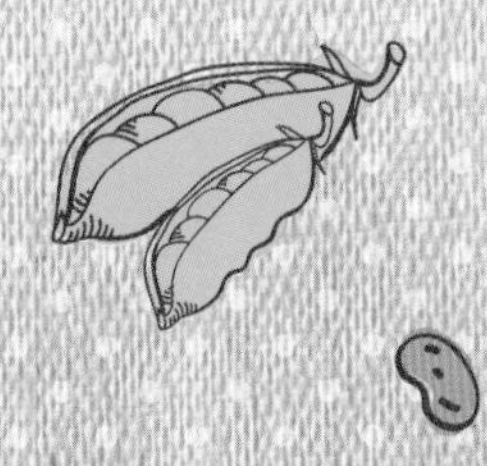

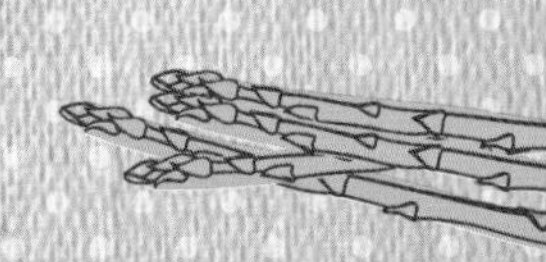

辛辣甜香的醬燒滋味

辣醬燒煮馬鈴薯

口感鬆軟的醬燒馬鈴薯，甜甜辣辣越吃越唰嘴…

食材：

馬鈴薯 50克（約1顆）
蔥 適量
韓式辣醬 15ml（約1大匙）
醬油 5ml（約1小匙）
鹽 適量

作法：

1. 馬鈴薯洗淨後，削去外皮，切小塊備用。
2. 在美食鍋中放適量開水，以高溫煮至沸騰，放入馬鈴薯煮熟（約10分鐘）。
3. 煮熟後，倒掉鍋中水分，只留馬鈴薯塊，加入韓式辣醬、醬油、少許鹽和3大匙開水拌勻，以中低溫煮滾後，切適量蔥花撒上即完成。

食在好源頭

馬鈴薯

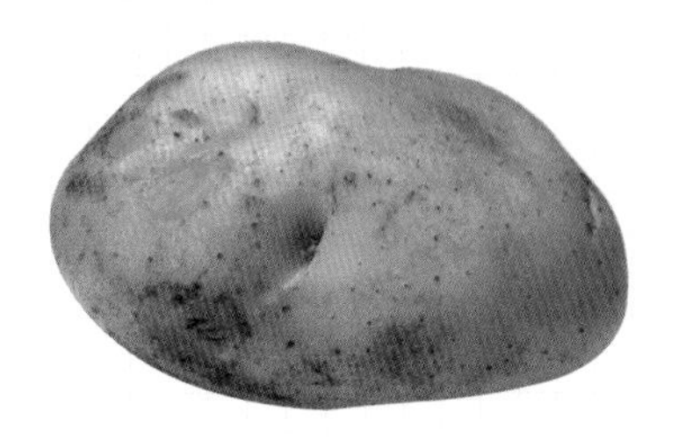

馬鈴薯偏好涼爽又不潮濕的氣候條件，因此，日夜溫差大、日照充足的秋冬時節為主要產季，生產區域以中南部為主，如台中、雲林及嘉義等，其中以雲林縣斗南地區的栽培面積最大，耕種面積達500公頃；不僅供應在地的市場需求，還外銷到日本，成為出口日本的重要農產品。

嚴選食材小撇步

選購時，應挑完整結實、表皮光滑的馬鈴薯。外皮呈乳白色為佳；一般而言，較扁的馬鈴薯口感紮實，長一點的口感較綿密。但要避免挑選發芽的馬鈴薯，因其食用後會有腹瀉不適等症狀。

省很大！剩餘食材再利用~薯餅佐黃瓜優格醬

作法：將1顆馬鈴薯洗淨去皮後刨成絲，加入1顆蛋、1大匙麵粉和1小匙玉米粉拌勻成糊；平底鍋中放少許油熱鍋後，取適量麵糊入油鍋煎至雙面焦黃，佐黃瓜優格醬食用即完成。

黃瓜優格醬method 取1條小黃瓜削皮去籽後切塊，連同3瓣蒜頭、5片薄荷葉、1小匙檸檬汁和80克的原味優格攪打成醬即完成。

換道料理素素看

蔬菜可樂餅：馬鈴薯切塊煮熟後，趁熱壓成泥狀，混合三色蔬菜（熟品，若是生的請先以滾水汆燙至熟），取適量薯泥在手上捏整成橢圓形，於表面裹上麵包粉，油炸約5分鐘即完成。

爽脆低卡的海味蔬食

芹菜海帶蘿蔔卷

20分鐘

1人份

約30元

用海苔將各種蔬菜捲起來，清爽口感吃再多也不膩…

食材：

海帶絲 50克(約半碗)
芹菜 35克(約半碗)
紅蘿蔔 20克(約1/3根)
香油 5ml(約1小匙)
烏醋 10ml(約2小匙)
海苔 5克(約1大片)
鹽、糖 適量

作法：

1. 海帶絲洗淨後，切成與海苔等長的長度；紅蘿蔔洗淨後削皮刨絲；芹菜洗淨後切絲備用。
2. 美食鍋加水以高溫煮滾，再放入海帶絲、紅蘿蔔絲和芹菜絲汆燙約3分鐘後，撈起瀝乾。
3. 將香油、烏醋、糖和鹽趁熱拌入汆燙後的食材中，放涼後，以海苔捲起即完成。

食在好源頭

紅蘿蔔

台灣出產紅蘿蔔著名的地區有台南市的將軍鄉和佳里區、雲林縣東勢鄉和彰化縣二林鎮。農民約於8月中旬下種，五個月後收成，屆時可見農家忙於採收紅蘿蔔的景象。雲林東勢的果菜生產合作社之農友，更嚴選出「旭陽品種」的紅蘿蔔種植，種出品質極佳的作物，每年外銷到日本的產量高達2500噸。

嚴選食材小撇步

選購紅蘿蔔應挑帶有土質、蘿蔔葉呈翠綠色者，較為新鮮。若是色澤暗淡或有枯萎的情形，則表示不新鮮；此外，紅蘿蔔若發芽長出細根，代表紅蘿蔔已經老化，口感較差，應避免購買。

省很大！剩餘食材再利用~紅蘿蔔蛋糕佐焦糖醬

作法： 將50克無鹽奶油加45克細砂糖打發，再加1顆蛋打勻；加入低筋麵粉50克、泡打粉半小匙和刨絲後的紅蘿蔔90克，混合均勻後裝入模具，以180℃烤45分鐘後，佐焦糖醬食用即可。

焦糖醬method 取60ml的鮮奶油加熱至沸騰備用，再將50克的砂糖以中火加熱融化後（勿攪拌），加入溫熱的鮮奶油拌勻後即完成。

換道料理素素看

紅蘿蔔牛奶布丁： 50克的紅蘿蔔切塊蒸熟放涼，再與300ml牛奶攪打成汁後，放到瓦斯爐上加熱，加35克的砂糖和1小匙的吉利丁粉攪拌至溶解，裝入容器放涼冷藏即完成。

入口即化的家常菜餚

香菜燉冬瓜

15分鐘

1人份

約10元

入口即化的冬瓜和氣味迷人的香菜，是料理的好搭檔…

食材：

冬瓜 40克(約半碗)
香菜 5克(約1小把)
糖 5克(約1小匙)
高湯粉 5克(約1小匙)
鹽 適量

作法：

1. 冬瓜洗淨削皮後，切厚片狀；香菜洗淨後，切除根部，並切末備用。
2. 在美食鍋裡放入冬瓜和適量開水，蓋上蓋子以高溫煮滾。
3. 煮滾後，轉中低溫繼續燜煮約15分鐘，起鍋前，加入糖和高湯粉，以適量鹽和香菜末調味即完成。

食在好源頭 香菜

香菜的主要產地位於彰化北斗地區，栽培面積約100公頃，為一年四季皆可栽種的作物，三個月後即可採收，以秋冬季節的產量較高，若溫度超過30℃時則生長會變慢。香菜又稱為「芫荽」，常作為調味時的香料。

嚴選食材小撇步

選購香菜應注意外觀葉子平整、色澤呈青翠的綠色、根部飽滿無蟲蛀，且細聞有新鮮香氣者為佳。若葉子皺縮、夾雜黃葉或黑葉，且根部有爛掉的現象，表示已經久放不新鮮。

省很大！剩餘食材再利用~香菜煎蛋佐甜辣醬

作法：香菜洗淨後切末備用；將兩顆蛋打散成蛋液，放入香菜末拌勻後，下油鍋將雙面煎熟，佐甜辣醬食用即完成。

甜辣醬method 取100克的番茄醬和50ml的開水混合均勻後，以小火煮滾，一邊攪拌一邊加入1大匙味噌醬、砂糖和半匙醬油膏，以太白粉水勾芡後，放入適量辣椒丁拌至濃稠即完成。

換道料理素素看

香菜拌豆腐：將香菜洗淨後切末備用；取一炒鍋放適量沙拉油燒熱後，切少許蔥花爆香，再放入整塊嫩豆腐，以鍋鏟一邊炒一邊鏟碎豆腐；待水分炒至快乾時，拌入香菜炒勻，以鹽調味即完成。

餐桌上的南洋風味

咖哩燉馬鈴薯

25分鐘

1人份

約20元

微辛辣的咖哩與鬆軟馬鈴薯燉煮後，變得超下飯…

食材：

馬鈴薯 80克(約1顆)
咖哩塊 15克(約1小塊)
洋蔥丁 適量
辣椒 適量
鹽 適量

作法：

1. 美食鍋加水以高溫煮滾，將削皮切塊後的馬鈴薯放入煮熟（約10分鐘），撈起備用。
2. 倒掉鍋內的水後，重新加入100ml的水，高溫煮滾後關掉電源，放入咖哩塊拌至融解。
3. 將咖哩湯汁以高溫煮滾後，放入馬鈴薯，轉中低溫燉煮約10分鐘，以鹽調味後，切適量辣椒末和洋蔥丁提味即完成。

食在好源頭
洋蔥

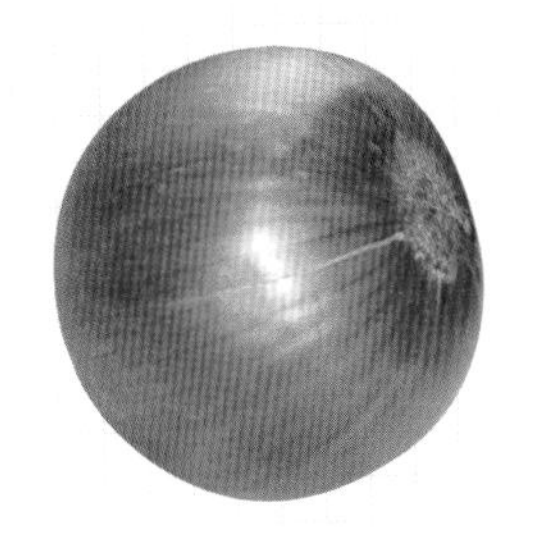

台灣洋蔥產地以彰化、高雄、屏東為主，其中以屏東縣恆春半島的產量最豐，種植面積約600公頃，產期約在2月到4月間，恆春產的洋蔥鮮甜多汁，外觀雖不比進口洋蔥好看，但品質卻不亞於進口洋蔥。其他地區如台東卑南地區、台南亦有零星種植，但栽培面積較少。

嚴選食材小撇步

新鮮洋蔥的表面光滑、乾燥、觸感飽滿堅硬者，表示水分充足、甜度佳；且外觀應無水傷、腐爛或擠壓痕跡，若外表摸起來偏軟，內部可能已經發霉軟爛、不新鮮，不宜選購。

省很大！剩餘食材再利用~和風涼拌洋蔥

作法：將洋蔥洗淨後去皮，切成長條狀，浸泡在冷開水中（泡水可去除洋蔥的辛辣味），放入冰箱冷藏1小時；瀝乾水分後，撒上適量柴魚片，淋上和風醬即完成。

和風醬method 2大匙的醋加上薄鹽醬油1大匙、柴魚高湯1大匙、糖1小匙和適量白芝麻，拌勻後即完成。

換個食材素素看 上述食譜也可以用青木瓜代替洋蔥；將青木瓜去皮洗淨後刨絲，拌入適量碎花生和小番茄（洗淨後，對半切開），淋上和風醬拌勻後，冷藏約1小時，讓食材入味即完成。

脆甜香鮮的涼拌菜

鮮香菇拌豆苗

15分鐘

1人份

約25元

多汁味美的香菇和爽口翠綠的豆苗，拌出好滋味…

食材：

豆苗 35克(約2小把)
香菇 15克(約2朵)
芹菜 20克(約半碗)
烏醋 15ml(約1大匙)
香油 5ml(約1小匙)
蔥 適量
糖、鹽 適量

作法：

1. 豆苗洗淨備用；香菇洗淨後，去除蒂頭切絲；芹菜洗淨後切絲。
2. 美食鍋加水以高溫煮滾，將香菇絲汆燙至熟後，撈起放涼。
3. 將豆苗、芹菜絲和香菇絲混合後，淋上香油和烏醋，以鹽和糖拌勻，切適量蔥花撒入即完成。

食在好源頭

豆苗

台灣的豆苗種植相當普遍，南投為主要產地，因豆苗適應性高，且夏季約7天就能收成（冬季約14天），是相當容易種植、生長的蔬菜，故許多人也會在自家陽台上種植。豆苗即豌豆的芽菜，其營養不輸豌豆，且適合生食，常用於製作生菜沙拉、精力湯等。

嚴選食材小撇步

選購時，以豆苗肥大，每蔓2個葉節，新鮮幼嫩，無枯萎或腐爛者為佳。豆苗不宜長時間保存，故建議當天現買現吃，如果吃不完，可放入已打洞的透氣保鮮袋中，放入冰箱冷藏，短暫儲存一、兩天。

省很大！剩餘食材再利用~清炒豆苗蝦仁

作法：以小刀劃開去殼蝦仁的背部，取出腸泥，洗淨後以米酒、白胡椒粉和鹽抓勻，醃20分鐘；放適量沙拉油在炒鍋中，熱油鍋後爆香薑末和蒜末，並加入蝦仁炒至七分熟（紅中帶點青色的模樣）撈起備用；在原油鍋中放入豆苗快炒，於起鍋前放入蝦仁續炒至熟透，以鹽和雞粉調味後即完成。

換個食材素素看

若想將上述食譜變化成素食料理，可以將香菇和紅蘿蔔切絲後取代蝦仁，再加豆苗快炒。將香菇絲入油鍋爆香後，加入紅蘿蔔拌炒，炒至兩者出水變軟後，加入豆苗快炒即可熄火，以鹽、香菇粉和香油調味即完成。

滑溜爽脆的燉煮料理

紅蘿蔔燉海帶

20分鐘

1人份

約20元

切絲的紅蘿蔔和海帶絲燉煮後，就是簡單的山珍海味…

食材：

海帶 50克（約1碗）
紅蘿蔔 10克（約1/5根）
小黃瓜 10克（約1/5條）
醬油 15ml（約1大匙）
蔥、辣椒末 適量
白芝麻 適量
糖、鹽 適量

作法：

1. 海帶和小黃瓜以清水洗淨後切絲；紅蘿蔔洗淨後削皮，切絲備用。
2. 於美食鍋中加入150ml的開水煮滾後，放入海帶絲和紅蘿蔔以中低溫煮滾。
3. 以醬油、糖和鹽調味，拌入小黃瓜絲，撒上蔥花、辣椒末和白芝麻快速拌勻後即完成。

食在好源頭 海帶

由於台灣氣溫較高，故沿海不產海帶，海帶產自緯度偏高的東北亞地區，包括俄羅斯太平洋沿岸、日本和朝鮮北部沿海，中國遼東半島和山東沿岸的海洋也有出產海帶，目前中國是世界上最大的海帶生產國；台灣市面上販售的海帶乾貨和海帶芽，多從日本、韓國和大陸進口。

嚴選食材小撇步

購買時，應選色澤帶有褐綠、土黃的海帶，烹煮過後，海帶則呈墨綠色；若在市場看到顏色翠綠的海帶，有可能是添加色素浸泡而成，因此，消費者在選擇時要特別留意。

省很大！剩餘食材再利用~韓式涼拌海帶

作法：以下介紹的作法，是一般韓國家庭都會做的常備小菜。小黃瓜1條切絲、洋蔥1顆切絲後泡冷水備用；海帶絲以滾水汆燙3分鐘後撈起沖冷水，冷卻後，混合小黃瓜絲和洋蔥絲拌入醬汁，放入冰箱冷藏即完成。

涼拌醬汁method 將2大匙的糖、醬油、麻油和1大匙的白醋拌匀成醬汁，再混合1大匙的白芝麻即完成。

換個食材素素看

左頁食譜中，若是沒有海帶，也可以用黑木耳代替海帶；將乾木耳加水泡發後，以清水洗淨並切成細絲，以滾水快速汆燙後，將燙過的水倒掉，重新注水與紅蘿蔔絲和小黃瓜絲一起燉煮約15分鐘再調味即可。

麻而不辣的川味小菜

川味椒香拌乾絲

食材：

乾絲 40克（約1碗）
甜椒 10克（約1/5顆）
花椒油 10ml（約2小匙）
辣豆瓣醬 15克（約1大匙）
辣椒 15克（約3根）
鹽 適量

作法：

1. 美食鍋加水煮滾後，將乾絲汆燙約3分鐘，放涼備用；並將汆燙後的水倒掉。
2. 將辣椒和甜椒洗淨後去除籽和蒂頭後，切成細絲。
3. 乾絲、辣椒和甜椒混合後，拌入花椒油、辣豆瓣醬和鹽，攪拌均勻後，冷藏30分鐘後即完成。

食在好源頭

辣椒

辣椒原產於中南美洲之墨西哥、祕魯一帶，為茄科作物，喜歡溫暖乾燥的環境，適合生長的溫度為25℃。台灣的辣椒產區位於宜蘭、花蓮、彰化、嘉義、高雄、屏東等，於炎熱乾燥的夏季產量較高，梅雨季的產量較低。

嚴選食材小撇步

挑選辣椒應選果皮堅實、肉厚質細、脆嫩新鮮，且無裂口、蟲咬、斑點、凍傷、腐爛者。通常外觀呈圓筒型或鈍圓形，果肉較厚，味道微辣；若辣椒呈彎曲的長角形，則辣味較為強烈。

省很大！剩餘食材再利用~辣拌乾麵

作法：將乾麵以滾水煮熟後，加入1小匙油蔥酥、醬油和醋，再拌入1大匙辣椒醬，拌勻即完成。

辣椒醬method 將1斤辣椒和半斤蒜瓣絞碎備用；取200ml香油炸適量花椒，再放入辣椒末、蒜末、2片月桂葉和200ml沙拉油拌炒10分鐘，再混合120ml的醬油膏續炒5分鐘即完成。

換個食材素素看

左頁食譜中，以牛蒡絲代替乾絲涼拌也很適合；將牛蒡洗淨去皮後刨絲，牛蒡絲以冷開水浸泡20分鐘，撈起瀝乾後，拌入豆瓣醬、花椒油和鹽即可，試過味道後，放冰箱冷藏1～3小時再食用，風味更佳。

開胃下飯的好味道

蔥香山藥燴杏鮑菇

青蔥辛香！

蔥和紅棗散發的甜味，讓山藥和杏鮑菇的口感瞬間升級…

食材：

山藥 50克(約1碗)
杏鮑菇 20克(約1根)
紅蘿蔔 20克(約1/3根)
紅棗 10克(約5顆)
醬油 10ml(約2小匙)
蔥、鹽 適量
沙拉油 適量

作法：

1. 將山藥和紅蘿蔔洗淨後削皮切片；杏鮑菇洗淨後切片備用。
2. 在美食鍋中加少許沙拉油，切適量蔥段以中低溫爆香後，加200ml的開水以高溫煮滾，並放入紅棗、杏鮑菇、山藥和紅蘿蔔。
3. 煮滾後，以醬油和鹽調味，轉中低溫繼續煮約30分鐘即完成。

食在好源頭 杏鮑菇

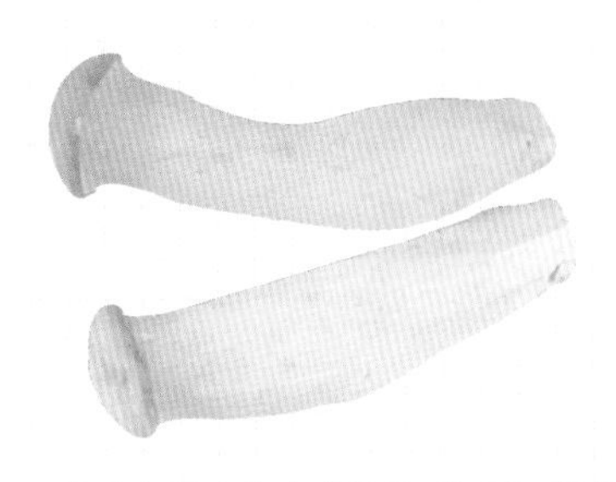

台中新社鄉，是杏鮑菇的主要產地，產量幾乎占據全台生產量一半。杏鮑菇原產於歐洲，1996年以後，台灣人員培育出新品種，使其質地變得柔軟，口感宛如鮑魚，並透著杏仁香氣，故命名為杏鮑菇。適合杏鮑菇生長發育的溫度為15℃～19℃，超過20℃時，菇體即容易死亡，故通常於空調環境下栽培。

嚴選食材小撇步

選購杏鮑菇應選擇菇柄粗大，口感才會富有嚼勁；色澤呈乳白者為佳；以手觸摸新鮮杏鮑菇，觸感硬而有彈性，表示水份充實；若菇傘的皺摺有黑色的孢子，表示不新鮮。

省很大！剩餘食材再利用~照燒醬炒杏鮑菇

作法：取一油鍋放入切成滾刀塊的杏鮑菇（份量約3根）爆香；加入適量蔥段、薑片、蒜片和洋蔥絲炒勻，放入3大匙照燒醬和少許香油繼續拌炒約10分鐘即完成。

照燒醬method 7大匙的醬油、米酒、味醂，混合2大匙砂糖、3大匙薑汁和1小匙柴魚粉，將上述材料加洋蔥丁（1小顆）以小火煮15分即完成。

換道料理素素看

椒鹽腐乳杏鮑菇：將杏鮑菇切小塊，以滾水汆燙後瀝乾；豆腐乳2塊、醬油1.5大匙、薑泥1大匙、糖1大匙、香油和沙拉油各1大匙混合成醃料，醃製杏鮑菇一晚後，裹地瓜粉油炸至酥脆再撒上胡椒鹽即完成。

不油不膩的清蒸料理

蒜泥蒸茄子

30分鐘

1人份

約25元

大蒜的辛辣搭配清蒸茄子的口感，滋味濃郁無負擔…

食材：

茄子 50克（約1/3條）
蒜瓣 20克（約5瓣）
豆苗 10克（約1小把）
香油 適量
鹽 適量

作法：

1. 茄子洗淨後切除蒂頭並削皮，切成大小、厚度相等的厚片並裝盤備用。
2. 在美食鍋中放入蒸架，倒入兩杯水，放進茄子蒸至熟透。
3. 蒸熟後放涼，取三片茄子相疊，以刨刀磨出適量蒜泥，於相疊之夾心處抹上蒜泥，再於最上層撒上鹽、香油，並鋪滿蒜泥，冷藏後，佐豆苗食用即完成。

食在好源頭 茄子

茄子原產於印度，於全世界各地都有栽培，以亞洲地區最多，面積達174萬公頃，佔世界總產量74%。台灣的主要產地在高屏和台中地區，栽培面積約950公頃，佔全台全部面積60%。茄子喜高溫多濕的氣候，適應性強、栽培容易，且採收期長，為本地重要的夏季蔬菜之一。

嚴選食材小撇步

茄子屬於深色蔬菜，故挑選茄子時，應選果皮顏色為深紫色為佳，表面有光澤、果形完整、沒有損傷，外觀飽滿者，口感較為鮮嫩，若茄子尾部膨大，口感比較老。

省很大！剩餘食材再利用~蝦醬炒茄子

作法： 茄子斜切成厚片備用；取一油鍋加入蒜末和1大匙蝦醬爆香，放入1小匙砂糖和蠔油後，放入茄子拌炒至出水變軟即完成。

蝦醬method 蝦米30克洗淨瀝乾後，加3克的油蔥酥以果汁機打碎，再放到鍋中以小火炒乾、炒香，加入1/2大匙的魚露、醬油和1/2小匙的砂糖，拌炒3分鐘直到水分收乾即完成。

換個食材素素看

素食者若不吃蒜頭，也可以直接將左頁食譜中的茄子洗淨後切小段裝盤，以中大火蒸10分鐘；再取醬油1.5大匙、薑末10克、麻油1小匙、水1.5大匙與適量九層塔混合後，淋在茄子上，再蒸1分鐘即完成。

餡料豐富營養的蛋料理

薏仁蒸雞蛋

65分鐘

1人份

約20元

薏仁的清甜搭配雞蛋香氣，讓口感滑嫩與咬勁兼具⋯

食材：

雞蛋 35克（約1顆）
薏仁 15克（約1大匙）
柴魚粉 5克（約1小匙）
白胡椒粉 適量
鹽 適量

作法：

1. 薏仁洗淨後，放入美食鍋中，加三碗水以高溫煮滾後即撈起；再將煮過的薏仁裝袋冷凍一晚備用。
2. 從冷凍庫中取出冷凍薏仁，美食鍋加水煮滾後，放入冷凍薏仁煮約25分鐘，即可將薏仁撈起瀝乾。
3. 雞蛋打散後，放入薏仁、柴魚粉、白胡椒粉和鹽，加30ml的開水攪拌均勻，加水以高溫蒸25分鐘，關閉電源後，燜15分鐘即完成。

食在好源頭 雞蛋

台灣雞蛋的大量生產，可追溯到日治時期，從日本引進蛋雞入台，並成立各農會種畜場推廣試養。早期是以密集的「籠飼」方式飼養蛋雞，在狹小籠子中，雞隻因活動受限，容易產生疾病，為避免疾病擴散而施打抗生素，造成雞蛋殘留藥劑；近年來，則逐漸改良飼養方式，給予雞隻足夠的活動空間，並停止施打藥劑。

表面較為粗糙、蛋殼厚薄度均勻的雞蛋較為新鮮，若要進一步測試，可將雞蛋放在鹽水中，沉下去或橫躺於水中的雞蛋為佳，若浮起來的雞蛋較不新鮮，不宜選購。

省很大！剩餘食材再利用~蛋沙拉三明治

作法：將2顆雞蛋放入裝水的鍋中煮熟，剝殼放涼後，以刀子切碎成丁，拌入切丁的小黃瓜、巴西里、鹽、黑胡椒粒和2大匙沙拉醬，攪拌均勻後冷藏，抹在吐司上食用即完成。

沙拉醬method 取1顆蛋黃加1小匙油均勻攪拌，分次加入5～6小匙沙拉油攪拌至濃稠，再拌入1/3小匙鹽、2大匙砂糖和1匙白醋即完成。

換道料理素素看

涼筍沙拉：以下提供素食者無蛋沙拉醬的作法，將200ml牛奶、50克奶粉、5克鹽和60克糖以果汁機打勻，並分次加入400ml的沙拉油打成糊狀，再加30克檸檬汁拌勻即可；淋在水煮並冷藏後的涼筍上即完成。

散發濃濃的芝麻香氣

芝麻醬拌菠菜

口感略澀的菠菜拌入香濃芝麻醬，冷藏食用更美味…

食材：

菠菜 40克(約1碗)
芝麻醬 15克(約1大匙)
醬油 7ml(約1/2大匙)
白醋 7ml(約1/2大匙)
糖 5克(約1小匙)
柴魚粉 適量
白芝麻 適量

作法：

1. 將整把菠菜洗淨後，去除根部備用（不用切段）。
2. 美食鍋加水以高溫煮滾，將菠菜整把放入汆燙約3分鐘，撈起瀝乾，放涼後切小段。
3. 將芝麻醬混合醬油、白醋、糖、柴魚粉和15ml的冷開水拌勻後，淋在菠菜上，撒適量白芝麻點綴，直接吃或冷藏後食用皆可。

食在好源頭 白芝麻

台灣的白芝麻主要產地位於台南善化、將軍等區，種植面積約1100公頃，年產量可達700公噸。與進口芝麻相較之下，本土生產的芝麻價格雖偏高，但品質較新鮮優良。芝麻是喜溫作物，適宜在土質疏鬆、排水良好的沙壤土地栽種；白芝麻的油脂含量較黑芝麻高，多用於製作油品和糕點，也可以直接入菜。

嚴選食材小撇步

選購白芝麻應挑乾燥無結塊、香氣濃郁者為佳，若受潮結塊、有霉味則表示不新鮮。保存白芝麻應以不透光的夾鏈袋包裝，或以密封罐保存。若芝麻粒表面泛出油光，即表示已氧化，不宜食用。

省很大！剩餘食材再利用~香煎雞胸佐芝麻醬

作法：將雞胸肉切片後，浸泡在鹽水中一晚（比例為6克鹽與95ml開水），瀝乾後，在雞胸肉表面沾一層薄薄的太白粉，熱油鍋後煎至雙面金黃熟透，佐芝麻醬食用即完成。

芝麻醬method 取100克白芝麻放在濾網上以清水淘洗並瀝乾；接著下鍋以小火乾炒至香氣溢出即離火放涼，以調理機高速攪打至濃稠滑順即完成。

換個食材素素看

芝麻醬的用途相當廣泛，用來拌麵或拌菜都相當合適，親手做的芝麻醬冷藏可存放約1個月，可依個人或家庭的消耗程度少量製作。左頁食譜中的菠菜亦可替換成水煮蘆筍、四季豆、高麗菜等當令新鮮蔬菜。

酸甜開胃的蔬食料理

茄汁燴白花椰

20分鐘

1人份

約30元

新鮮番茄拌炒白花椰菜，酸甜又開胃…

食材：

白花椰菜 40克（約1碗）
青豆 15克（約1大匙）
番茄 30克（約1顆）
番茄醬 15ml（約1大匙）
糖 5克（約1小匙）
醬油 適量
鹽 適量

作法：

1. 將白花椰菜洗淨後，切成小朵狀；番茄洗淨去除蒂頭，切四瓣備用。
2. 美食鍋加水以高溫煮滾，將白花椰菜汆燙約3～5分鐘後撈起備用，並將汆燙後的水倒掉。
3. 美食鍋加100ml開水煮滾，加入番茄、青豆、番茄醬、糖、醬油和鹽翻炒，白花椰下鍋炒勻後即完成。

食在好源頭

白花椰菜

白花椰菜原產於歐洲地中海沿岸一帶，為十字花科植物，從野生甘藍培育而成的。性喜冷涼乾燥的氣候，栽培土質以富含有機質之沙質壤土或黏質土壤為佳，排水與日照不可缺少。於全台的高山地區均有種植，收成時節以冬季為主，一般所食用的部位為花蕾。

嚴選食材小撇步

挑選白花椰菜要留意莖部，莖部保有一點淡綠色為佳，且底部不能有裂痕。由於白花椰菜比綠花椰菜的保水性差，如果底部有裂痕，代表含水量不足，可能已經存放過久、不新鮮，口感也不鮮嫩。

省很大！剩餘食材再利用~白花椰佐酸豆檸檬醬

作法：白花椰菜洗淨後，切成小朵狀，撒上少許海鹽和橄欖油，送進預熱150℃的烤箱中烤15～20分鐘，佐酸豆檸檬醬食用即完成。

酸豆檸檬醬method 取適量香菜（1小把）切末後，混合酸豆1大匙（以高濃度的鹽水醃漬而成，可於大賣場、超市購得）、海鹽1小匙、橄欖油1大匙和檸檬汁1大匙後，拌勻即完成。

換個食材素素看

白花椰菜和綠花椰菜皆為營養價值高的蔬菜，兩者含有不同的營養成分，因此可輪流烹煮上桌，但綠花椰菜的口感較硬，烹煮前，可以用小刀刮除莖部較粗硬的表皮，並切成小朵狀烹煮即可。

小資的美顏滋補甜品

四季豆燒茄子

食材：

茄子 80克(約半條)
四季豆 30克(約10根)
辣椒 10克(約2根)
醬油 15ml(約1大匙)
蒜頭 5克(約3瓣)
冰糖 適量
鹽 適量

作法：

1. 將茄子和四季豆以清水洗淨後，茄子切長條狀，四季豆剝去蒂頭和豆絲，切半備用。
2. 美食鍋中加水以高溫煮滾後，將四季豆氽燙後撈起瀝乾，並倒掉鍋中水分。
3. 美食鍋中加少許油，以中低溫爆香去皮後的蒜瓣，加1碗水轉高溫煮滾，加入醬油和冰糖，並將茄子和四季豆放入燒煮，蓋上蓋子，轉中低溫燜煮約25分鐘，以鹽調味後，切適量辣椒末撒上即完成。

食在好源頭

四季豆

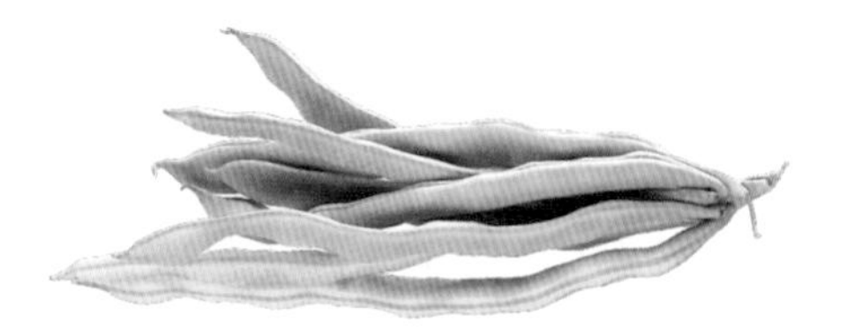

四季豆又叫敏豆，因為一年四季都可以吃到，所以稱為四季豆。四季豆原產於中南美，考古學家證明，西元前七千多年墨西哥和祕魯已有栽培。三、四百年前傳入歐洲，而後經西班牙、葡萄牙人傳到中國，一百多年前傳入臺灣栽種，主要產地在屏東、台中、高雄等地區。產季以深秋到晚春為主，盛夏淡產時價格較昂貴。

選擇豆莢有光澤、富彈性，豆莢表面細緻翠綠，無皺褶，豆仁均勻飽滿、滋潤，豆粒不會突出、豆莢易折斷者為佳。四季豆容易流失水分，故應裝入保鮮袋中，再冷藏保存。

省很大！剩餘食材再利用~牛肉醬炒四季豆

作法：四季豆洗淨後，剝除蒂頭和豆絲，切丁後汆燙備用；將牛肉醬以平底鍋煮滾後，放入四季豆丁拌炒約5分鐘即完成。

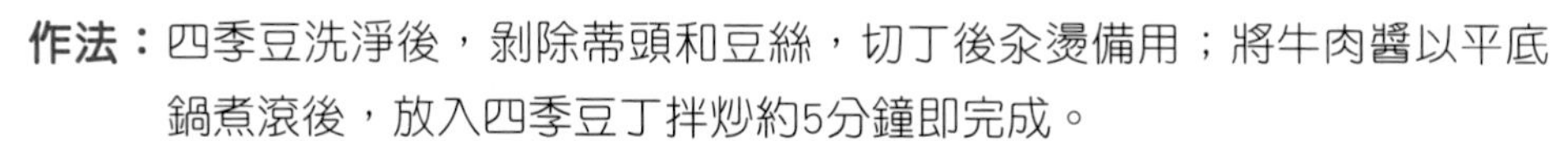

切適量薑末和蒜末，放入油鍋中爆香，再加入牛絞肉炒勻至出水後，放入素蠔油2小匙、糖1小匙、黑胡椒粒1小匙、烏醋2小匙、適量米酒和鹽，加一點水炒成濕潤的醬汁即可。

換個食材素素看

四季豆也很適合和香菇一起醬燒，將數朵鮮香菇洗淨後切片，取一炒鍋，加少許沙拉油，爆香薑末；放入汆燙過的四季豆和香菇炒勻後，加入醬油、糖、香菇粉和適量開水，煮滾後即完成。

蔬菜的甜味完全釋放

洋蔥燴甜椒

15分鐘

1人份

約20元

香甜的青椒和甜椒，煮得柔軟多汁…

食材：

青椒 30克（約1/3個）
甜椒 30克（約1/3個）
洋蔥 20克（約1/4顆）
番茄醬 15ml（約1大匙）
糖 5克（約1小匙）
鹽 適量

作法：

1. 將青椒和甜椒洗淨，去除籽和蒂頭後切小片；洋蔥洗淨後切丁備用。
2. 美食鍋中加少許油，爆香洋蔥丁後，加一碗水以高溫煮滾，並放入切好的青椒和甜椒。
3. 煮滾後，加入番茄醬、糖和鹽，轉中低溫燜煮約10分鐘即完成。

食在好源頭

甜椒

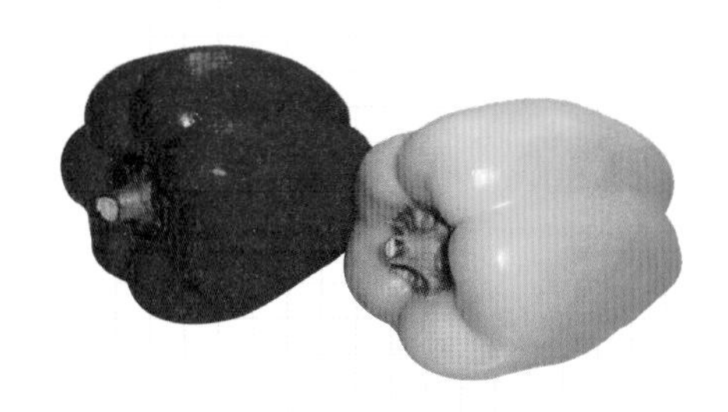

甜椒是原產於中南美洲的茄科作物，性喜溫暖乾燥的氣候，但比番茄稍能耐高溫。台灣甜椒主要產地分佈在彰化、南投、雲林、屏東及花東地區；一般平地分春、秋作兩期栽培，但因春、秋之際氣候較不穩定，容易忽冷忽熱，故收穫有時相當短促。甜椒於夏季栽培須仰賴高冷地生產供應，冬季則於恆春半島生產。

甜椒依果肉可分為硬殼品種和軟殼品種，口感因人而異，挑選時以外形完整結實，果皮亮麗、光澤度高，無萎縮、無斑點為佳。此外，盡量選擇肉質較厚、顏色深且飽和、果肉堅實者。

省很大！剩餘食材再利用~香煎腿排佐甜椒醬

作法：取一塊去骨腿排，並以黑胡椒粒、鹽和紅椒粉調味醃製約10分鐘；以平底鍋煎至雙面金黃熟透後，佐甜椒醬食用即可。

甜椒醬method 利用煎腿排的油脂再加少許奶油拌炒洋蔥絲，並放涼備用；取甜椒去籽後，與蒜瓣放進烤箱，烤至紅甜椒表面焦黑皺縮；取出後放涼並剝除焦黑外皮；將紅椒、蒜瓣、洋蔥和鹽放入果汁機攪打成醬即完成。

換個食材素素看 左頁食譜中的洋蔥可用甜薑片取代。嫩薑洗淨後，用削皮刀削去外皮，並削出薄薄的薑片；薑片放入滾水中汆燙後放涼；取白醋100ml、砂糖40克、蜂蜜5克、鹽2克煮至糖融化，放入薑片浸泡冷卻後，冷藏兩天即可。

鹽燒蔬菜的甘美滋味

芹菜燒秀珍菇

25分鐘

1人份

約15元

爽口的芹菜和軟嫩秀珍菇，煮出雙重口感…

食材：

芹菜 10克（約1/5碗）
秀珍菇 30克（約10朵）
紅蘿蔔 10克（約1/5根）
香菇粉 5克（約1小匙）
香油 適量
鹽 適量

作法：

1. 將芹菜洗淨後切段；紅蘿蔔洗淨削皮後切片；秀珍菇洗淨後切半備用。
2. 美食鍋中加水以高溫煮滾後，放入秀珍菇汆燙，撈起後，倒掉鍋中水分。
3. 在美食鍋中加一碗水，煮滾後，放入紅蘿蔔片和秀珍菇水炒至變軟後，以香菇粉、香油和鹽調味，再放入芹菜炒勻即完成。

食在好源頭

秀珍菇

秀珍菇原產於印度，生長於樹椿上。台灣的菇類產區主要集中於台中、南投等中部地區；因秀珍菇多採太空包栽培，故產區較為分散，除中部地區，其他地方也有零星栽培，雖產量高但易受青黴菌汙染，故栽培較不穩定。秀珍菇性喜低溫環境，適合於20℃以下生長，彰化且有以空調栽培秀珍菇為主的農場。

秀珍菇呈淺褐色，選購時以菌傘完整厚實、裂口少、菌柄短、有彈性者為佳。若外觀有腐爛、受潮、破損等情形，則表示不新鮮。秀珍菇保鮮期較短，購買後建議低溫冷藏，並於三日內食用完畢。

省很大！剩餘食材再利用~巴西里醬燒秀珍菇

作法： 秀珍菇洗淨後瀝乾水分，取一平底鍋，放入適量無鹽奶油，小火煮融後，放入秀珍菇拌炒；淋上巴西里調成的醬汁，炒軟即完成。

巴西里醬method 將1顆檸檬榨汁後備用；取1把新鮮巴西里洗淨後瀝乾切末，拌入2大匙的葵花籽油（也可用橄欖油代替）、2小匙海鹽和檸檬汁，攪拌均勻後，放入果汁機中攪打成醬即完成。

換道料理素素看

三杯秀珍菇： 秀珍菇有蟹味，很適合做成三杯料理；取適量薑片放入鍋中加少許麻油，以小火煸香，再加入辣椒末和秀珍菇翻炒，秀珍菇炒至出水後，加入1大匙醬油、米酒、1小匙白胡椒粉和九層塔炒勻後即完成。

煮出酸甜的菜根香

番茄煮花椰

將酸甜番茄的滋味，煮進青翠的花椰菜裡…

食材：

番茄 30克(約1顆)
綠花椰菜 50克(約1碗)
番茄醬 15ml(約1大匙)
醬油 5ml(約1小匙)
鹽 適量

作法：

1. 將番茄洗淨後，去除蒂頭，切成四瓣備用；花椰菜洗淨後，削除較粗硬的表皮，切成數小朵。
2. 美食鍋中加一碗水以高溫煮滾後，放入番茄煨煮成糊，再加入花椰菜略為拌炒。
3. 花椰菜煮軟後，以番茄醬、鹽和醬油調味後即完成。

食在好源頭

綠花椰菜

花椰菜為甘藍的變種，原產於地中海沿岸的南歐，於18、19世紀時經英國改良品種後，由歐美傳入中國；台灣則約於鄭成功時期傳入，而後經由農業試驗所改良和選育，而發展出不同品種。主要栽種地區分布於彰化埔鹽、大城和溪湖、嘉義新港、高雄路竹和雲林等地區。

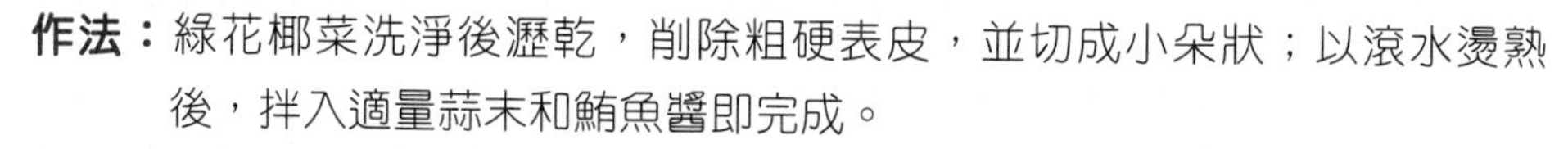

嚴選食材小撇步

挑選綠花椰菜時，要注意顏色應呈現新鮮的青綠色，花蕾要緊密且形狀均勻，沒有泛黃的現象，且不應有鬆散、變軟或尖端發黑變色的狀況；此外，若菜莖太粗，底部有空心或裂痕，表示已經過老。

省很大！剩餘食材再利用~綠花椰拌鮪魚醬

作法： 綠花椰菜洗淨後瀝乾，削除粗硬表皮，並切成小朵狀；以滾水燙熟後，拌入適量蒜末和鮪魚醬即完成。

鮪魚醬method 將1罐水煮鮪魚取出後瀝乾水分，拌入1大匙日式醬油、1大匙沙拉醬、少許黑胡椒粒和白芝麻，拌勻後即完成。（若使用油漬鮪魚，可瀝去多餘油脂，並減少沙拉醬的用量，才不會太油膩。）

換道料理素素看

焗烤綠花椰： 將綠花椰菜洗淨後，切成數小朵，馬鈴薯洗淨削皮後切片；燒一鍋滾水，將花椰菜和馬鈴薯燙熟後，趁熱拌入適量奶油、黑胡椒粒和鹽，裝進烤盤，撒上適量乳酪絲，以烤箱烤至表面呈金黃微焦即完成。

輕鬆準備開胃小菜

紅蘿蔔煮青豆

20分鐘

1人份

約15元

將紅蘿蔔的甜味和青豆的香氣合而為一⋯

食材：

青豆 50克（約1碗）
紅蘿蔔 20克（約1/4根）
香菇粉 5克（約1小匙）
醬油 5ml（約1小匙）
糖 適量
鹽 適量

作法：

1. 青豆洗淨後備用；紅蘿蔔洗淨削皮後切丁。
2. 美食鍋中加水以高溫煮滾，放入青豆汆燙3分鐘，撈起瀝乾，並將鍋內水分倒掉。
3. 在美食鍋中放兩碗水煮滾後，放入青豆和紅蘿蔔丁燉煮20分鐘，再以香菇粉、醬油、糖和鹽調味後即完成。

食在好源頭

青豆

青豆為豌豆的豆仁，原產於亞洲西部或地中海沿岸一帶。豌豆依豆莢性質，可分為軟莢及硬莢兩種。台灣以栽培軟莢品種為主，於台中、彰化等地區皆有種植；歐美則多栽培硬莢品種，青豆即是來自硬莢品種，其莢殼粗硬不能食用，但其豆仁鮮嫩可供食用。由於多數由美國進口，故一般農友又稱其為「美國豆」。

挑選青豆時，要選擇豆粒鮮綠飽滿、色澤明亮者為佳，且表面無裂口、皺摺、萎縮、蟲蛀等痕跡。有些不肖業者會將青豆染色出售，若發現表皮有變色或褪色痕跡，則不宜選購。

省很大！剩餘食材再利用~青豆濃湯

作法：取30克青豆放入滾水中汆燙瀝乾備用；1/4顆洋蔥和1顆馬鈴薯削皮切丁後，與適量奶油下鍋拌炒；加入高湯200ml和燙好的青豆以小火煮15分鐘；再加入青豆醬、鹽和鮮奶油調味煮沸後即完成。

青豆醬method 將50ml高湯與10克青豆放入果汁機攪打成汁，再加入1小匙鹽、黑胡椒、鮮奶油和糖打勻成醬即可。

換道料理素素看

七味青豆炒蛋：將青豆以滾水汆燙後瀝乾；紅蘿蔔切丁；雞蛋打散成蛋液後，切適量蔥花，連同紅蘿蔔丁和青豆拌入蛋液中，以鹽和香菇粉調味後，下鍋煎至滑嫩成型後再炒散，撒上七味粉調味即完成。

擁有香脆口感的蔬食料理

金針菜燴木耳

用新鮮木耳和金針菜，創造香滑清脆的口感…

食材：

金針菜 50克(約1碗)
黑木耳 60克(約1碗)
紅蘿蔔 10克(約1/5根)
菠菜 10克(約1/3碗)
香菇粉 5克(約1小匙)
醬油 適量
糖、鹽 適量

作法：

1. 金針菜洗淨後備用；黑木耳泡水後，去除粗硬部分，切成小朵備用。
2. 美食鍋中加水以高溫煮滾，放入金針菜汆燙至熟透後，撈起瀝乾，並將鍋內水分倒掉。
3. 在美食鍋中放兩碗水煮滾後，放入切片的紅蘿蔔、金針菜和黑木耳，水炒後，續煮10分鐘，再放入切段的菠菜拌勻，以香菇粉、醬油、糖和鹽調味後即完成。

食在好源頭 金針菜

金針菜在台灣的產地主要位於花蓮縣玉里鎮的赤科山、富里鄉的六十石山及台東太麻里。金針花需栽培於海拔700至1000公尺地區，才能穩定生長，產季為7月下旬至9月中旬，目前台灣的金針多以食用兼具觀賞的品種為主。金針菜含有秋水仙鹼，不能生吃，必須經蒸煮或曬乾後才能食用，生食可能會發生腹瀉、噁心、嘔吐等不適症狀。

嚴選食材小撇步

市售金針菜多為乾品，宜選購色澤較暗者，尾端因天然花蕊的原有色澤，而略帶黑色，此為正常現象，經浸泡溫水後即恢復天然金黃色澤。而添加二氧化硫的金針菜，外觀鮮豔紅橙，且有嗆鼻硫磺味。

省很大！剩餘食材再利用~金針菜炒肉絲

作法：新鮮金針菜所含的秋水仙鹼，生食後會導致上吐下瀉等中毒情形，而經高溫蒸煮或曬乾後即可破壞秋水仙鹼；故金針菜洗淨後，先以滾水汆燙至熟透並瀝乾，接著取一炒鍋，放入少許沙拉油，爆香蒜瓣和薑絲，豬肉切絲後，入鍋同炒，炒至豬肉變色快熟之際，放入金針菜炒勻，炒至食材皆熟透後，以鹽、白胡椒粉、香菇粉和數滴香油調味後即完成。

換個食材素素看

左頁食譜中的黑木耳，可改用豆芽菜替代之，將豆芽菜以清水洗淨後，剝除鬚根，與汆燙後的金針菜一起燉煮，並加少許烏醋提味，裝盤後，可撒上適量碎花生和碎油條增添香氣和口感。

柚香鮮干貝

蘋果里肌夾鮮蔬

蝦仁燉煮絲瓜

無論上超市或去傳統市場買菜、買肉、買海鮮，

都不可能剛剛好買一人份，

煮太多吃不完，硬吃又會膩，隔餐食用也不新鮮；

別擔心，美食鍋是你的行動總舖師，

美味料理現煮現吃，

剩餘食材輕鬆變化出各式料理，絕不重複。

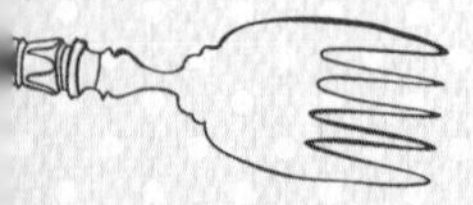

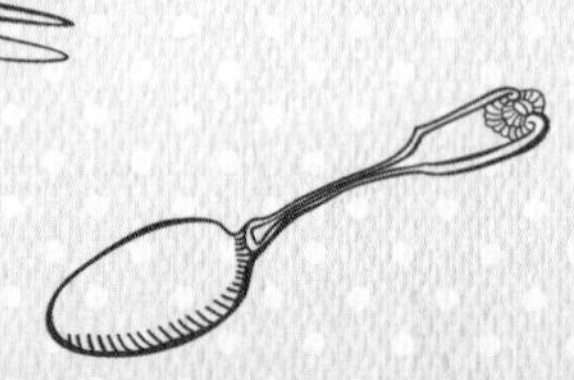

Chapter 6

肉類海鮮交給美食鍋！菜鳥也能變大廚！

清燉、清蒸、紅燒、滷煮各種肉類海鮮，
一鍋煮出多變化～

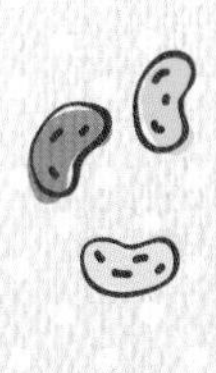

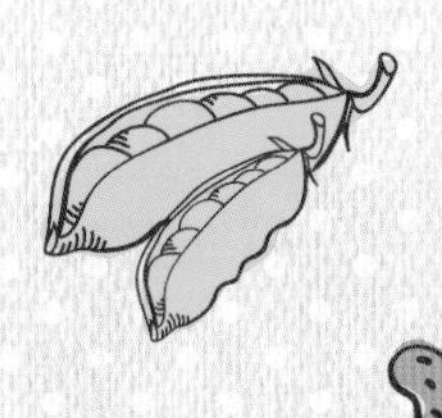

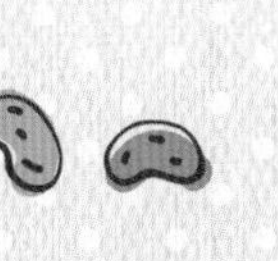

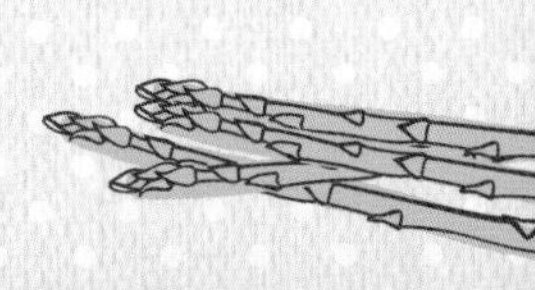

菜肉平衡的果香輕食

蘋果里肌夾鮮蔬

20分鐘

1人份

約35元

以酸甜蘋果和爽口生菜，
中和豬里肌的油膩感…

食材：

蘋果 30克（約1/2顆）
豬里肌肉 35克（約1片）
紅蘿蔔 10克（約1/5根）
紫高苣 5克（約1/5碗）
生菜 20克（約1/3碗）
日式醬油 適量

作法：

1. 蘋果洗淨後，削皮切成厚片，浸泡在鹽水中備用。
2. 里肌肉片放在日式醬油中醃製一晚（約8～9小時），切成大小均一的薄片；美食鍋加水200ml煮滾後，將肉片連同醃製的醬油一起放入鍋中煮滾，肉片熟透後，撈起放涼。
3. 紅蘿蔔洗淨削皮後，與生菜和紫高苣切絲拌勻，夾在里肌肉片和蘋果片中間即完成。

食在好源頭
蘋果

台灣的蘋果產區位於中橫沿線的梨山、福壽山、大禹嶺一帶，每年11、12月為「霜期」，特殊的氣候變化使蘋果為了禦寒，本能地將儲存的少數澱粉轉換成糖，並積極儲存果糖以防止凍傷，成為台灣特有的蜜蘋果。除了蜜蘋果，台灣也從美國和日本進口不同品種的蘋果供食用。

嚴選食材小撇步

成熟的蜜蘋果因甜度高，觸摸其表皮會有黏膩感。進口蘋果為避免鮮度下降、水分流失，會於表皮上蠟，故消費者應避免選擇外皮太光亮的蘋果，並最好削皮後再食用。

省很大！剩餘食材再利用~法式焦糖蘋果薄餅

作法：將1顆蛋打散後混合半小匙糖、少許鹽、1小匙橄欖油、80ml牛奶和20克的低筋麵粉（過篩），平底鍋均勻抹油後將麵糊煎成薄餅，夾入焦糖蘋果醬食用即完成。

焦糖蘋果醬method 50ml的開水和75克的糖，以小火煮成焦糖液（勿攪拌），將1顆蘋果切丁，與1大匙檸檬汁和焦糖快速拌勻即可。

換個食材素素看 可以將左頁食譜中的里肌肉換成素火腿；將150克豆渣（瀝乾水分）混合1小匙香菇粉、昆布粉、白胡椒粉、黑糖、醬油和米酒；接著鋪在海苔上捲成圓筒狀，在表面撒上地瓜粉後，以中小火煎熟切片即為素火腿。

蝦仁燉煮絲瓜

食材：

蝦仁 50克（約8尾）
絲瓜 30克（約1/3條）
薑 適量
鹽 適量

作法：

1. 將去殼蝦仁用刀劃開背部去腸泥備用；薑切成薑絲、絲瓜洗淨後削皮，切塊備用
2. 美食鍋加兩碗水以高溫煮滾後，放入薑絲、絲瓜和蝦仁燉煮。
3. 煮滾後，轉中低溫燜煮20分鐘，以適量鹽調味即完成。

食在好源頭 絲瓜

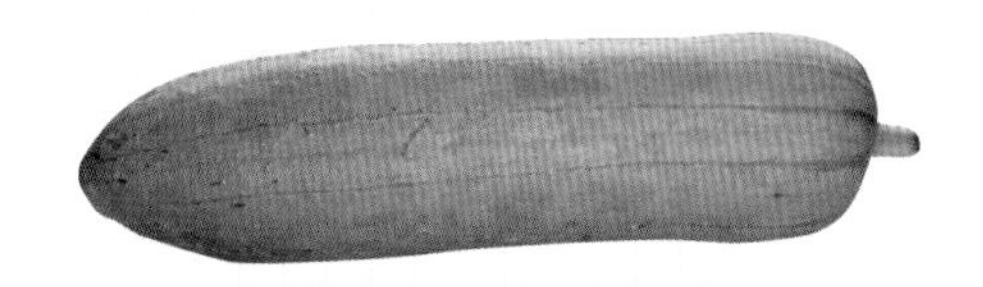

絲瓜又稱菜瓜，喜溫暖、日照充足的氣候，是夏季盛產的蔬果，在台灣從4月開始即由屏東採收，盛產於5～9月，全年均生產。尤以氣候最炎熱的7月絲瓜品質最好，價格也最為實惠。本地產的絲瓜品種經過改良後，提供了更優質的選擇，如：雲林斗六的翠玉絲瓜、宜蘭礁溪溫泉絲瓜、稜角絲瓜澎湖1號、秋綠絲瓜高雄2號等品種。

選購時，應挑顏色碧綠、瓜形端正、果身大小均勻、飽滿、表皮粗糙、紋路深者為佳；外皮色澤淺綠、表皮光滑、外觀碩大者，則肉質偏老。此外，若絲瓜被蜂蟲叮咬過，內部較容易腐爛。

省很大！剩餘食材再利用～絲瓜煎餅佐腐乳醬

作法：絲瓜洗淨削皮後刨絲，混合80克的麵粉和1顆雞蛋，攪拌均勻成麵糊，於平底鍋中放少許油熱鍋，倒入麵糊煎至雙面金黃，佐腐乳醬食用即完成。

腐乳醬method 取1塊豆腐乳壓成泥，混合150ml的開水，加入1大匙砂糖、辣油、蒜泥、蔥花和1/2大匙的醬油，拌勻後即完成。

換個食材素素看

左頁食譜中的蝦仁可以用乾香菇和豆皮代替，將乾香菇泡水變軟後，切成香菇絲，放入鍋中煮出香氣後，加入豆皮水炒，絲瓜下鍋炒勻至出水變軟，以鹽、香菇粉和白胡椒粉調味後即完成。

老少咸宜的營養蛋料理

枸杞蝦皮蒸雞蛋

食材：

雞蛋 30克(約1顆)
蝦皮 5克(約1小匙)
枸杞 5克(約5粒)
柴魚粉 5克(約1小匙)
蔥 適量
鹽 適量

作法：

1. 蝦皮以清水洗淨後，加水浸泡1小時後，瀝乾備用。
2. 雞蛋打散成蛋液後，加入蝦皮、柴魚粉、鹽、蔥和20ml的開水攪拌均勻。
3. 在美食鍋內放入蒸架，加3大碗水，再放進拌勻的蛋液，以高溫蒸20分鐘即完成。

食在好源頭

蝦皮

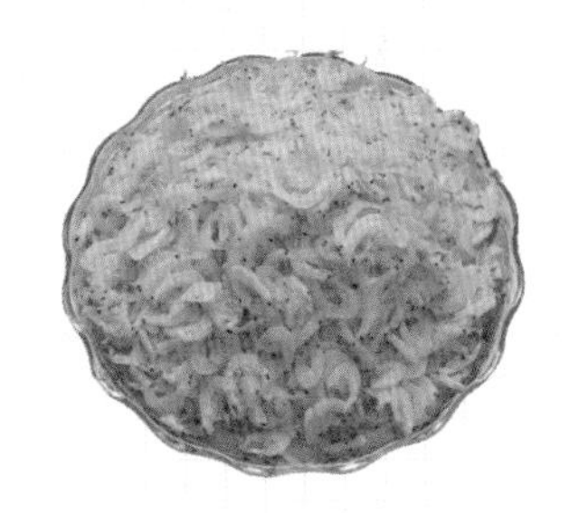

台灣的蝦皮主要於近海海域捕撈，如馬祖漁村內產地直銷的蝦皮，常吸引觀光客到當地購買，新鮮的蝦皮不論是蒸煮或直接曬乾都是鮮味十足，而且地區自產的蝦皮無任何添加物，不含色素和防腐劑，消費者可以安心食用，冷藏約可保存半年。蝦皮可用於蒸蛋、炒菜、煮粥，能增添料理的鮮味，幫美味加分。

嚴選食材小撇步

蝦皮可以分為生曬蝦皮和熟曬蝦皮兩種。前者無鹽、鮮度高；後者為加鹽煮沸後，瀝乾日曬。選購時，以手觸摸蝦皮質地，若鬆散乾燥即為新鮮蝦皮；若蝦皮發黏且碎末多，可能是變質了。

省很大！剩餘食材再利用～蝦皮炒高麗菜

作法：蝦皮以清水洗淨後，加水浸泡1小時，瀝乾備用。取適量蒜瓣去皮後切成蒜末，下油鍋爆香後，加1大匙蝦皮一起炒香；炒至蒜末和蝦皮色澤微焦後，放入高麗菜炒勻；高麗菜遇熱會出水變軟，故不必再加水，菜葉變軟準備起鍋前，以鹽調味、加適量辣椒末即可（如不吃辣，也可省略放辣椒的步驟）。

換個食材素素看

左頁食譜中可用金針菇取代蝦皮，將金針菇洗淨後，去除根部，切成小段與蛋液拌勻，再放入電鍋蒸熟即可。金針菇的鮮味可以使蒸蛋充滿菇香，且金針菇口感鮮脆，使滑嫩的蒸蛋多了脆甜的口感。

充滿膠質的清燉料理

豆香清燉雞翅

60分鐘

1人份

約40元

利用豆香提味，並將雞翅的膠質燉煮至溶於湯頭…

食材：

雞翅 80克（約2支）
黃豆 15克（約1大匙）
皇帝豆 15克（約1大匙）
米酒 5ml（約1小匙）
辣椒 適量
鹽 適量

作法：

1. 黃豆以清水淘洗，泡水一晚（約8～9小時）後瀝乾備用。
2. 在美食鍋中加水至七分滿，煮滾後，加入黃豆、皇帝豆和雞翅以高溫煮沸。
3. 煮滾後，撈去浮末，轉中低溫燜煮約60分鐘，再以米酒和鹽調味，切適量辣椒末撒上後即完成。

食在好源頭

皇帝豆

皇帝豆學名為「萊豆」，又名白扁豆、細綿豆、觀音豆等。皇帝豆喜高溫多濕的環境，早年住在山區的原住民多有種植，中南部或低海拔的山野也有種植，每年11月到次年3月是皇帝豆的盛產期，到了夏季雖然也能收成，但風味較差。

嚴選食材小撇步

皇帝豆通常為整包購買，注意袋中應乾燥、無水氣，且豆粒應飽滿有光澤、色澤呈淡綠偏白、沒有斑點者為佳。買回的豆子置於陰涼處存放即可，若要保存較長時間，分裝冷凍可存放半年。

省很大！剩餘食材再利用~皇帝豆奶醬鮮蝦麵

作法： 將義大利麵放入滾水中，煮8分鐘後撈起備用；蝦仁去除腸泥後，以適量海鹽、迷迭香、橄欖油和黑胡椒醃製20分鐘，放入鍋中煎熟，再加入義大利麵和皇帝豆奶醬炒勻即完成。

皇帝豆奶醬method 250克的皇帝豆以滾水煮軟（約15分鐘），連同2瓣大蒜、250ml鮮奶油、2小匙海鹽和適量黑胡椒放入果汁機，攪打成醬即完成。

換個食材素素看

皇帝豆是素食者補充優質蛋白質的最佳食材，而且做為炒菜、煮湯、紅燒的配料都相當合適，建議可將左頁食譜中的雞翅替換成香菇蒂，即可燉煮出含有香菇香氣的營養素食湯品。

涼拌與醬燒的混搭風格

花生黃瓜拌肉絲

食材：

豬肉 35克(約半碗)
小黃瓜 30克(約1小條)
碎花生 15克(約1大匙)
醬油 15ml(約1大匙)
蔥 適量
蒜 適量
辣椒 適量

作法：

1. 豬肉切絲後備用；取3大匙水和1大匙醬油以美食鍋煮滾後，將豬肉絲下鍋煮熟後撈起備用。
2. 小黃瓜洗淨後，切除蒂頭刨絲備用。
3. 切適量蔥花、蒜末和辣椒末，混合豬肉絲、小黃瓜絲和碎花生，拌勻後即完成。

食在好源頭
花生

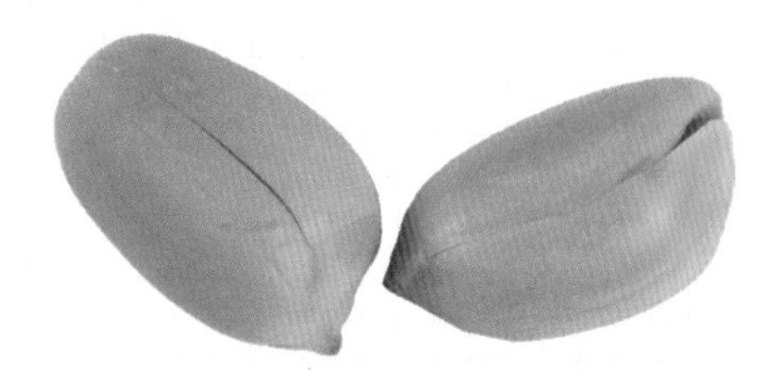

台灣花生的主要產地在雲林、嘉義、高雄和彰化，尤其雲林縣的落花生，佔全台灣花生栽培面積的70%。落花生喜高溫，生長較不受日照長短及雨量分佈的限制，土壤以富含有機質的砂質土壤為宜。四季皆生產的花生可製成花生油、花生糖、花生酥、花生醬等，用途十分廣泛。

嚴選食材小撇步

選購時，以手觸摸花生的乾燥程度，優質花生應乾燥、堅硬、飽滿，細聞其味道應有花生淡淡的香氣；若花生有脫皮或發芽的情形，甚至聞起來有油耗味或霉味，則不宜選購。

省很大！剩餘食材再利用~烤花生醬貝果

作法：取一貝果，用刀從貝果中間切開成兩片，放入烤箱或麵包機烘烤至表面酥脆後，塗抹花生醬食用即完成。

花生醬method 150克的去皮熟花生攪打成粗粒，取1/3的粗粒備用，剩下的則續打成花生粉，加入細砂糖20克攪打至濕潤狀，再加20ml橄欖油繼續攪打成醬，打好的醬拌入花生粗粒即完成。

換個食材素素看

左頁食譜若想變化成素食，可用素肉絲或豆乾絲代替豬肉絲；素肉絲若為乾品，需先以開水浸泡使其變軟，擰乾水分後，加入醬油、黑胡椒粉和玉米粉醃製10分鐘，醃好後下鍋煮熟，拌入小黃瓜絲和碎花生即可。

快煮上桌的燉煮料理

燉煮絲瓜蟹肉棒

15分鐘

1人份

約30元

當季絲瓜燉煮Q軟蟹肉棒，
快速又美味…

食材：

蟹肉棒 50克（約5條）
絲瓜 30克（約1/3條）
薑 10克（約1小塊）
鹽 適量

作法：

1. 絲瓜以清水洗淨後，削皮切塊備用；薑切成薑絲、蟹肉棒切小段備用。
2. 於美食鍋中加入300ml的水，以高溫煮滾後，加入薑絲、絲瓜和蟹肉棒燉煮。
3. 以中低溫燜煮15分鐘，煮至絲瓜變軟，再以鹽調味後即完成。

食在好源頭

蟹肉棒

蟹肉棒又稱為蟳味棒、蟹柳，是一種以魚漿、澱粉、螃蟹抽取物，經鹽、糖調味，並混合紅色食用色素所合成的條狀食材，常用於火鍋、壽司，以及中華料理的什錦燴飯之中，由日本人發明並傳入台灣。市面上販售的蟹肉棒產地多為台灣，也有從日本原裝進口的產品，以價格而言，日本進口的蟹肉棒較為昂貴。

蟹肉棒雖名為蟹肉，其主要成份卻是魚漿，常見於市場中散裝販售。許多不肖廠商會以違法的香精、添加物和色素製作販售，為避免買到不新鮮的蟹肉棒，最好選購合格廠商和標示清楚的產品。

省很大！剩餘食材再利用~辣炒三杯蟹肉棒

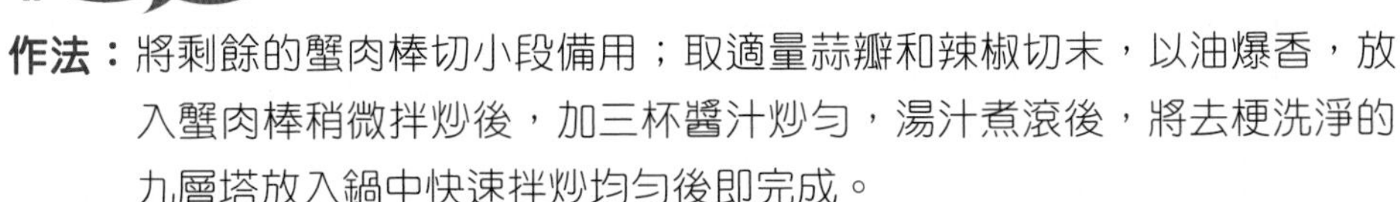

作法： 將剩餘的蟹肉棒切小段備用；取適量蒜瓣和辣椒切末，以油爆香，放入蟹肉棒稍微拌炒後，加三杯醬汁炒勻，湯汁煮滾後，將去梗洗淨的九層塔放入鍋中快速拌炒均勻後即完成。

三杯醬汁method 麻油1大匙、米酒1大匙、醬油1大匙、開水1大匙和糖1小匙均勻混合後即完成。

換道料理 素素看

絲瓜炒麵線： 素食者不吃葷的蟹肉棒，不妨利用絲瓜變換另一道料理；將麵線以滾水煮熟後瀝乾，取炒鍋放油，下薑絲煸香，再加絲瓜炒勻，加入適量水、海帶芽和鹽煮滾後，放入麵線和香油煮滾即可。

低卡酸甜的果香料理

柚香鮮蔬燉雞肉

15分鐘

1人份

約30元

柚子、鮮蔬搭配雞胸肉，酸甜滋味讓齒頰留香…

食材：

雞胸肉 50克(約半碗)
生菜 10克(約3大葉)
柚子 30克(約1瓣)
紅蘿蔔 10克(約1/5根)
柚子蜜 適量
鹽 適量

作法：

❶ 紅蘿蔔切片、雞胸肉切小塊備用；美食鍋加水煮滾後，汆燙紅蘿蔔和雞胸肉，熟透後撈起放涼。

❷ 生菜洗淨後，手撕成小片；柚子剝除外皮和白色纖維，只取果肉備用。

❸ 在美食鍋中注入三碗水，以高溫煮滾後，放入柚子果肉、雞胸肉、紅蘿蔔和生菜，轉中低溫燜煮10分鐘，以適量柚子蜜和鹽調味即完成。

食在好源頭 柚子

台灣主要的柚子產區包括花蓮、台南、苗栗、宜蘭、台東及雲林等地。其中麻豆的柚子頗負盛名，因麻豆鎮屬於古河道地形，土壤富含貝類、蚵殼等礦物質與大量微量元素，這些營養成份使得此地栽種出的柚子特別清甜。

嚴選食材小撇步

台灣生產的柚子又稱文旦，挑選文旦先觀其表皮，毛孔細緻、果形勻稱、果皮薄者為佳。而重量約在10台兩至1台斤左右的文旦即表示水分充足，此外，表皮偏黃者，則代表成熟度高。

省很大！剩餘食材再利用~柚香和風沙拉

作法： 取1顆番茄洗淨去蒂頭後切成丁；生菜洗淨後以手撕成小片；取1顆蘋果切丁備用；將上述食材連同1小把豆苗均勻混合後，淋上柚子和風醬拌勻即完成。

柚子和風醬method 柚子醋2大匙加薄鹽醬油1大匙、柴魚高湯1大匙、適量柚子果肉、少許切碎的柚子皮和1大匙檸檬汁混合均勻後即完成。

換個食材素素看

素食者可以用杏鮑菇代替左頁食譜中的雞胸肉，杏鮑菇洗淨後手撕成絲，以滾水汆燙後放涼，與生菜、柚子和紅蘿蔔下鍋清燉即可。由於絲狀的杏鮑菇更能使湯汁入味，故撕成絲比切成塊狀合適。

滷一鍋香噴噴的下飯料理

紅燒香Q滷豬蹄

60分鐘

1人份

約50元

口感富有彈性的滷豬蹄，令人忍不住多扒一碗飯…

食材：

豬蹄 80克（約3～4塊）
花椒 5克（約1小匙）
八角 5克（約3顆）
醬油 45ml（約3大匙）
冰糖 15克（約1大匙）
米酒、蔥 適量

作法：

1. 美食鍋加水煮滾後，將豬蹄汆燙後撈起備用。
2. 汆燙用的水倒掉，另加入醬油和水至六分滿，以高溫煮滾後，放入花椒、八角、冰糖、米酒和豬蹄燜煮。
3. 高溫煮滾後，蓋上鍋蓋，以中低溫燜煮60分鐘，切適量蔥花撒入即完成。

食在好源頭 八角

八角是一種植物的果實，它的果殼似星狀，有八個角，因此中文名為八角。八角原產於中國南部及越南，牙買加及菲律賓也有栽種，但中國為主要出口國家。其氣味與大茴香相似，具微甜味和刺激性甘草味。

嚴選食材小撇步

八角是常見的辛香調味料，選購時，應挑肉質較厚的八角，表示有足夠的成熟度；此外，八角雖顧名思義有8個角，但也有少數是7或9個角的，若有11個角，則表示品質不佳。

省很大！剩餘食材再利用~冰鎮八角滷豆乾

作法：將2斤的小豆乾以滾水汆燙，去除豆汁備用；取10顆八角、1大匙五香粉、1大匙花椒、2片甘草、120克冰糖和150克醬油混合煮滾後，再加入120克橄欖油；煮到大滾時，放入小豆乾，以小火邊煮邊攪拌，煮約1小時至漸漸收乾滷汁後，將豆乾取出放涼，冷藏3小時後即可食用。（若喜歡更有嚼勁的口感，可以再延長滷的時間。）

換個食材素素看

素食者可以用油豆腐和海帶結代替豬蹄下鍋滷製；將海帶結和油豆腐分別以滾水汆燙，去除表面雜質和豆汁後，放入滷汁中，以小火滷15～20分鐘即可。滷好後，可搭配薑絲食用。

好上手的清蒸料理

清蒸鱸魚

20分鐘

1人份

約80元

清蒸料理最能吃到魚肉鮮甜，鮮美的口感尚青…

食材：

鱸魚 80克（約1條）
醬油 15ml（約1大匙）
米酒 15ml（約1大匙）
蔥、薑絲 適量
辣椒 適量
鹽 適量

作法：

1. 鱸魚以清水沖洗瀝乾後，抹上鹽，鋪適量薑絲，在美食鍋中放入蒸架、加3碗水，以高溫蒸10～15分鐘至魚肉熟透。（因美食鍋較小，建議將鱸魚切半再蒸）
2. 蔥洗淨後切絲、辣椒洗淨後去籽切絲，連同薑絲鋪滿在蒸好的鱸魚身上。
3. 將醬油混合米酒後，均勻淋在蒸好的鱸魚上即完成。

食在好源頭

鱸魚

鱸魚的品種有很多，在台灣較常見的有金目鱸和七星鱸魚；兩者為台灣相當重要的養殖魚類，因抗病能力強、肉質細膩，所以普遍受養殖戶及消費者喜愛；在嘉義和高雄皆有鱸魚養殖場。鱸魚生性兇猛，養殖時，需定時篩選體型較大的魚另外飼養，以免有大魚攻擊小魚的情形。

嚴選食材小撇步

新鮮鱸魚的魚皮要有光澤感，外表似有一層薄膜；此外，魚眼睛應明亮、清澈不混濁，魚鰓色澤呈鮮紅為佳。冷藏時，以濕紙巾包覆魚身，再放入塑膠袋中冷藏，能保持魚肉鮮嫩。

省很大！剩餘食材再利用~鱸魚佐檸檬奶油醬

作法：鱸魚片以鹽和白胡椒粉抹勻後，取一油鍋，先將魚皮那面煎至上色，再翻面煎熟（約15分鐘），離火後蓋上鍋蓋燜10分鐘，佐檸檬奶油醬食用即完成。

檸檬奶油醬method 鍋中加些許米酒、熱水、番茄丁、檸檬汁、鹽、白胡椒粉和糖，以小火煮滾後，關火加入無鹽奶油拌勻，即成檸檬奶油醬。

換道料理素素看

清蒸素鱈魚：將素鱈魚片以大火蒸10分鐘備用；取一平底鍋，倒入適量沙拉油，爆香去籽後的辣椒絲、薑絲和蔥絲，再加1小匙醬油、1小匙烏醋、1小匙砂糖和60ml的水，煮滾後，淋在蒸好的素鱈魚片上即可。

肉質細膩的清蒸菜餚

清蒸黃魚

清蒸後的黃魚，以蔥花和辣椒末提出鮮味…

食材：

黃魚 80克（約1條）
米酒 15ml（約1大匙）
蔥 適量
辣椒 適量
鹽 適量

作法：

1. 黃魚以清水沖洗瀝乾後，抹上鹽，淋上適量米酒備用；在美食鍋中放入蒸架加3碗水，將黃魚放入鍋中以高溫蒸10～15分鐘至魚肉熟透。（因美食鍋較小，建議將黃魚切半再蒸）
2. 蔥洗淨後切蔥花、辣椒洗淨後去籽切末，鋪滿在蒸好的黃魚身上即完成。

食在好源頭

黃魚

台灣過去在金門、馬祖沿岸一年四季皆可捕獲體型較小的野生黃魚，但因捕撈過度，現今已很罕見，野生黃魚的價格也因此翻漲。人工養殖的黃魚體型可比野生黃魚大出2、3倍之多，其肉質細膩且油脂豐富；但因台灣的氣候和養殖環境不適合黃魚生長，故市面上的黃魚多由中國的養殖場進口。

嚴選食材小撇步

優質黃魚以色澤金黃、魚眼飽滿突出，且魚鰓色澤鮮紅或紫紅、鰓絲清晰者為佳。手摸黃魚時，鱗片不易脫落，肉質富有彈性者為新鮮黃魚。若魚眼凹陷、魚腹扁而不飽滿，表示不新鮮。

省很大！剩餘食材再利用~糖醋黃魚

作法：黃魚洗淨後瀝乾，抹上鹽，以油鍋煎至雙面金黃，撈起備用；原油鍋中放入切絲的甜椒、蒜片和洋蔥，炒軟後鋪滿魚身，再淋上糖醋醬即完成。

糖醋醬method 番茄醬6大匙、水10大匙、糖3大匙和白醋3大匙混合後，下鍋以小火煨煮3～5分鐘即完成。

換個食材素素看

糖醋素魚排：素食者可將素魚排切小塊後，以油鍋煎至兩面金黃酥脆，撈起備用；原油鍋爆香薑末和辣椒末，加入切小片的甜椒和小塊的鳳梨拌炒，再以3大匙番茄醬燴炒，以鹽調味後，淋在素魚排上即完成。

鹹香夠味的紅燒料理

紅燒白帶魚

以醬油紅燒至入味的白帶魚，醬香濃郁下飯…

食材：

白帶魚 80克（約5塊）
米酒 15ml（約1大匙）
醬油 30ml（約2大匙）
砂糖 5克（約1小匙）
薑、辣椒 適量
鹽 適量

作法：

1. 白帶魚以清水沖洗瀝乾後，分段切塊並抹鹽備用。
2. 在美食鍋中倒入少許油，放入適量薑片和辣椒爆香，再加入醬油、米酒、砂糖和80ml的開水，煮滾後，放入白帶魚燜煮。
3. 滾煮約20分鐘，煮至魚肉上色熟透，醬汁煮至濃稠即完成。

食在好源頭

白帶魚

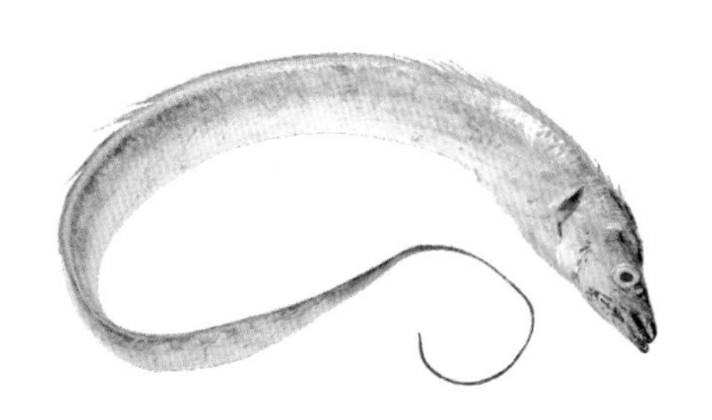

每年夏季即進入白帶魚的產季，主要由海釣漁船於金山、萬里、貢寮和宜蘭等區捕獲。台灣近海的魚產中，白帶魚是產期最長、產地最廣、產量最多的魚種之一。其中產量最高的，屬宜蘭頭城區漁會所屬的烏石、梗枋、大溪三個漁港。

嚴選食材小撇步

市面上較常見到的是切段後的白帶魚，若是想要挑選整條的白帶魚，挑選技巧如一般魚，眼睛光亮且飽滿，鰓呈鮮紅色，表皮光澤越亮越新鮮；放置時間越久，表皮的光澤會變得越黯淡。

省很大！剩餘食材再利用~辣煮薯片白帶魚

作法：白帶魚切段、馬鈴薯切厚片備用；取一湯鍋，鍋底鋪滿馬鈴薯片，均勻淋上辣醬，鋪上白帶魚塊，再倒入剩下的辣醬，加2碗水後，以中火燒開，慢煮20分鐘即完成。

辣醬method 取等比例的薑、蒜、蔥切成末（約1大匙），混合1大匙的辣椒粉和醬油，拌勻後即為辣醬。

換道料理素素看

紅燒素丸子：取板豆腐1塊抹鹽蒸熟後放涼，擠乾水分後，混合薑末和山藥泥，捏整成丸子狀；放入油鍋中炸至金黃。爆香辣椒和薑末，加入醬油、砂糖、白胡椒粉和開水煮滾，將素丸子燒煮入味即可。

肉汁滿溢的燉煮佳餚

香菜清燉肉丸

25分鐘　1人份　約70元

手工揉捏而成的雞肉丸，多汁有嚼勁⋯

食材：

雞絞肉 80克（約半碗）
荸薺 5克（約1顆）
香菜末 5克（約1大匙）
芹菜 35克（約半碗）
鹽、枸杞 適量
太白粉 適量
白胡椒粉 適量

作法：

1. 芹菜洗淨後切末、荸薺洗淨後去皮切末備用。
2. 雞絞肉混合芹菜末、荸薺末和太白粉，以適量鹽和白胡椒粉調味後，用手捏整成丸狀。
3. 美食鍋中加兩碗水煮滾後，放入肉丸和枸杞滾煮約20分鐘，以鹽和白胡椒粉調味，撒上香菜末即完成。

食在好源頭
荸薺

荸薺原產於東印度，中國大陸長江以南諸省栽培很普遍，台灣約在鄭成功時期由大陸引入。荸薺又稱為馬薯、馬蹄、水栗、烏芋、菩薺、地梨等，通常作為菜餚的配料，產地分布在彰化、雲林、嘉義、台南等地。荸薺屬於水生草本植物，喜溫暖潮濕的環境，不耐寒冷，為夏季收成的作物。

嚴選食材小撇步

春、夏兩季為荸薺的產季，故品質最優，選購荸薺可於此時多吃。挑選應注意大小適中，一般而言，600克約20～25粒者為標準。此外，荸薺應乾爽無受潮，過濕的荸薺甜度與脆度較差。

省很大！剩餘食材再利用~番茄辣炒荸薺

作法：荸薺洗淨去皮，以滾水汆燙後，立刻放入冰水中冰鎮30分鐘，再取出切片備用；番茄洗淨後汆燙，剝除外皮去除蒂頭後切片，加少許橄欖油，放入蒜片和番茄，炒至番茄出水後，加入切片的荸薺和蔥段，取一平底鍋拌炒3分鐘後，蓋上鍋蓋燜一下，起鍋前，加1大匙醬油和辣椒炒勻後即完成。

換個食材素素看

素食者可將左頁食譜中的肉丸換成素貢丸；準備豆腐1塊、馬鈴薯半顆蒸熟後壓成泥，混合香菇末、芹菜末，加入1小匙醬油、白胡椒粉、砂糖、太白粉，攪拌均勻後，以手捏整成丸狀，再下鍋清燉即完成。

富有膠質的濃郁湯汁

蓮藕燉豬蹄

豬蹄熬煮的濃郁湯汁，被蓮藕吸收得更入味…

食材：

豬蹄 80克（約3～4塊）
蓮藕 30克（約半碗）
綠豆 5克（約1小匙）
紅棗 5克（約3顆）
白胡椒粉、鹽 適量
綠豆 適量
薑片 適量

作法：

1. 蓮藕洗淨後切片；紅棗沖洗備用；綠豆泡水一晚（約8～9小時）備用。
2. 美食鍋加水以高溫煮滾後，將豬蹄放進滾水汆燙5分鐘後撈出；把血水倒掉，重新加水至六分滿，放入薑片、豬蹄和蓮藕片，以高溫燜煮30分鐘。
3. 於鍋內放入紅棗，轉中低溫續煮30分鐘即完成。

食在好源頭

蓮藕

蓮藕原產於中國及印度，是水田栽培之草本植物；中國大陸華南各省多有生產，台灣約在100年前由日本引進。素有「蓮鄉」美名的台南白河鎮為台灣主要的蓮子及蓮藕產地，每年5月～9月為蓮花開花季，傳統產蓮地區的蓮田阡陌縱橫，夏荷飄香一片的蓮海美景，也成為國內熱門的觀光旅遊景點。

嚴選食材小撇步

蓮藕應選外皮為黃褐色，外觀肥厚、藕節短、藕身粗，外表飽滿且無傷者為好，如果藕身發黑，有異味，則不宜食用。此外，帶有濕泥的蓮藕較容易保存，只需置於陰涼處即可。

省很大！剩餘食材再利用~甜醬燒蓮藕

作法：蓮藕洗淨後切薄片，以滾水煮15～20分鐘撈起瀝乾；取一平底鍋加少許油，蓮藕片放入鍋中煎至兩面微焦，將甜醬倒入鍋中，以小火煮滾後，拌入紅辣椒絲，撒適量白芝麻即完成。

甜醬method 醬油膏2大匙、紅糖1大匙、白酒醋2大匙和醬油1大匙混合後，加20ml的開水攪拌均勻即完成。

換個食材素素看

素食者可將左頁食譜中的豬蹄換成山藥；山藥有黏性，故燉煮出的湯頭濃郁美味，將山藥以清水洗淨後，削去外皮切成小塊狀，與蓮藕一起燉煮約45分鐘即可，也可以加適量乾香菇（需先泡水）增添湯頭香氣。

軟嫩鮮甜的高檔風味

柚香鮮干貝

食材： 

鮮干貝 50克（約2顆）
乾干貝 10克（約2顆）
柚子 30克（約1瓣）
鹽 適量

作法：

1. 將柚子剝皮去籽，去除白色纖維，只取果肉備用。
2. 美食鍋加水煮滾後，放入乾干貝和柚子果肉熬煮約10分鐘至乾干貝軟化。
3. 試飲湯頭，若已有濃郁的柚子清香和干貝鮮味，即可將鮮干貝（需解凍）放入美食鍋中，以中低溫煮滾，直至干貝轉成白色，再以中低溫燜煮約20分鐘，以鹽調味後即完成。

食在好源頭
干貝

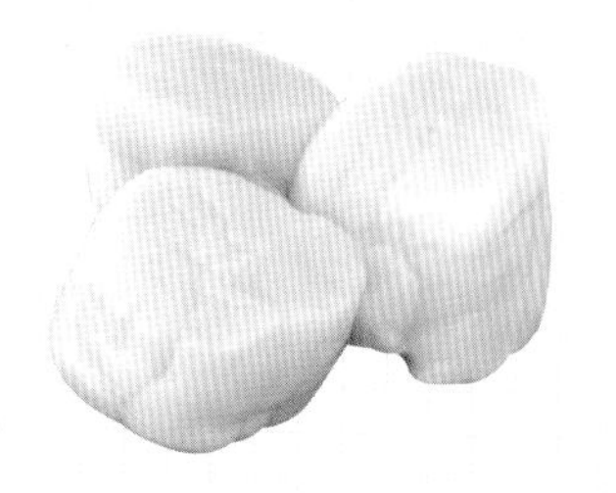

市面上所售的生干貝多來自澳洲、加拿大、日本等地，價格則會因是否為野生干貝或養殖干貝，及其冷凍加工過程不同而有所差別。一般而言，野生干貝的肉質較有彈性，養殖干貝則次之；此外，為保新鮮，干貝自海底撈起後，需立刻急速冷凍，以保持鮮甜的口感，若將干貝曬乾後熬湯，則能使湯頭鮮美甘甜，兩者吃法皆各有風味。

選購生干貝時，應挑選包冰較少、擁有絲狀纖維，且煮熟後不太縮水者為佳，若明顯縮水，則表示較不新鮮，口感也不甚鮮甜。挑選乾干貝則要以表面乾爽、帶有香氣、質地緊實完整為佳。

省很大！剩餘食材再利用~香煎干貝佐白酒醬

作法：在干貝（需解凍）表面撒上白胡椒醃製備用；平底鍋內放入適量橄欖油，將干貝以大火煎至變白微焦後，再翻面煎之，接著淋上白酒醬，嗆出香味後熄火，利用餘溫慢煮入味1分鐘後盛盤即完成。

白酒醬method 取一平底鍋，放入適量奶油並拌炒蒜片，倒入半杯白酒、1小匙醋和1小匙乾燥的荷蘭芹，煮滾後即完成。

換道料理素素看

蔬菜柚子湯：左頁食譜中可用大量新鮮蔬菜代替干貝，清爽的蔬菜湯頭，甘甜清新。將南瓜、大白菜、黑木耳、白蘿蔔、山藥與柚子下鍋共煮，以適量香菇粉和鹽調味，淡雅的素食湯品即完成。

清燉入味的甘甜湯品

紅棗百合燉豬肉

清甜紅棗、清新百合和新鮮豬肉的清燉風味…

食材：

豬肉 80克（約1碗）
百合 5克（約5瓣）
紅棗 10克（約5顆）
米酒 適量
鹽 適量

作法：

1. 將豬肉切小塊，紅棗和鮮百合以清水洗淨後，瀝乾備用。
2. 美食鍋加水煮滾，放入豬肉汆燙後撈起，並將鍋內的血水倒掉。
3. 在美食鍋中加3碗水煮滾後，放入紅棗、百合和豬肉以中低溫燜煮30分鐘，加適量米酒和鹽調味即完成。

食在好源頭
鮮百合

消費者購買的食用百合大多從中國跟日本進口，價格相當昂貴。而花蓮農改場開發輔導有機栽培有成，已成為目前台灣唯一的有機食用百合的產地。可供食用的百合鱗莖經過乾燥加工處理後，可作為中藥材；新鮮百合鱗莖更是甘甜、美味，無論是涼拌生食，或當作配料蒸、煮、炒、燉，都是色、香、味俱佳的營養料理。

嚴選食材小撇步

挑選時，應選表面潔白、沒有奇怪色斑的鮮百合鱗莖；此外，鱗片應一片片緊密包覆，帶有香氣；如果外觀傷痕累累、有色斑，且鱗片鬆散不緊密，表示百合已不新鮮，不宜購買。

省很大！剩餘食材再利用~鮮百合醬燒時蔬

作法：甜椒2顆去籽切片後備用；鴻喜菇洗淨後，切除根部；熱鍋後，將鴻喜菇下鍋翻炒，再放入甜椒和鮮百合大火快炒至百合呈透明色澤，放入1大匙香柚醬和醬油調味後即完成。

香柚醬method 取半顆柚子的柚子皮水煮20分鐘，將白色部分刮除後，只取皮切絲，混合檸檬汁、50克砂糖和蜂蜜，以小火煮至濃稠即可。

換個食材素素看

左頁食譜中可用蓮子和山藥代替豬肉，熬煮至湯頭呈混濁色澤，山藥和蓮子煮至鬆軟，且入口即化後，以適量鹽、香菇粉和香油調味即完成。也可以用冰糖調味，改煮成甜湯飲用。

酸甜果香的清燉菜餚

鳳梨蓮藕燉豬肉

40分鐘

1人份

約50元

酸甜鳳梨、清淡蓮藕和新鮮豬肉的果香滋味…

食材：

豬肉 80克（約1碗）
鳳梨 40克（約1/6顆）
蓮藕 30克（約1小塊）
紅蘿蔔 10克（約1/5根）
芹菜末 10克（約2小匙）
鹽 適量

作法：

1. 將豬肉切塊，美食鍋加水煮滾後，汆燙豬肉，並將血水倒掉；鳳梨和蓮藕洗淨後，削皮切丁；紅蘿蔔切薄片備用。
2. 美食鍋加兩碗水煮滾後，放入紅蘿蔔、蓮藕和豬肉燜煮30分鐘。
3. 關閉電源，在鍋中加入鳳梨丁，再燜10分鐘，並倒入芹菜末和鹽調味後即完成。

食在好源頭

鳳梨

鳳梨原產於南美洲，台灣於清康熙末年由中國大陸南方引進種植，迄今已有300餘年，其產地位於高雄、屏東、嘉義、南投、彰化、台南等地，絕大多數都在海拔200公尺以下之淺坡地、平地或河床地。台中以南的氣候環境相當適宜鳳梨生長。著名的鳳梨品種有釋迦鳳梨、蘋果鳳梨、冬蜜鳳梨、金鑽鳳梨、金桂花鳳梨等。

嚴選食材小撇步

挑選鳳梨應選擇果實結實飽滿、有重量感，果皮清潔亮麗、無裂縫、損傷，且果實香味濃郁者為佳。用手指頭彈鳳梨，如果聲音富有彈性，就是汁多甜美的鳳梨，若聲音緊實而硬，則口感較次。

省很大！剩餘食材再利用~鳳梨苦瓜豬肉湯

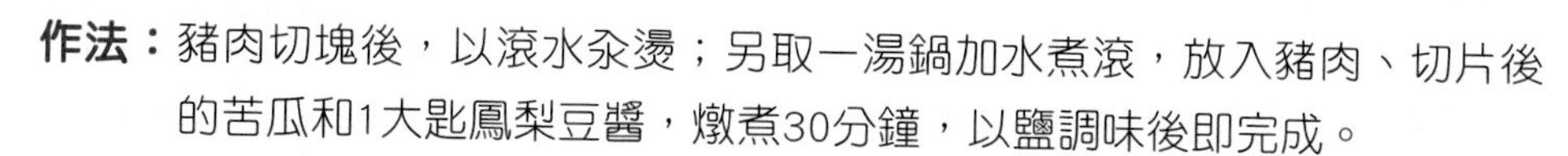

作法：豬肉切塊後，以滾水汆燙；另取一湯鍋加水煮滾，放入豬肉、切片後的苦瓜和1大匙鳳梨豆醬，燉煮30分鐘，以鹽調味後即完成。

鳳梨豆醬method 鳳梨削皮切片備用；鹽225克、糖300克、豆粕200克和甘草20片混合後為醃料，取一玻璃罐，於底層鋪滿醃料，再平鋪一層鳳梨片，依此類推放滿後，於最上方鋪上醃料，醃一星期後即可。

換個食材素素看

左頁食譜中可用鮮香菇代替豬肉，將鮮香菇洗淨後，切除蒂頭，並對切一半備用；燒一鍋滾水汆燙鮮香菇後，與蓮藕丁燜煮20分鐘，再放入鳳梨丁，並以鹽和適量香菇粉調味即完成。

鮮味和海味的雙重享受

蛤蜊燉海帶

鮮美蛤蜊和低卡海帶，燉煮出海味鮮香⋯

食材：

蛤蜊 80克（約1碗）
海帶 30克（約3條）
薑 適量
蔥花 適量
鹽 適量

作法：

1. 將蛤蜊浸泡冷水吐沙備用；海帶洗淨後，切成長條狀。
2. 美食鍋加兩碗水煮滾後，放入切好的適量薑絲，連同蛤蜊和海帶放進鍋裡燜煮。
3. 煮至蛤蜊打開，即可關閉電源，撒入適量蔥花，並以鹽調味後即完成。

食在好源頭

蛤蜊

蛤蜊為海生貝類，又稱為文蛤和蛤蜊，多生長於台灣西部沿海的沙灘上。雲林縣台西鄉因圍海築堤取地，開發了台西海埔新生地及新興海埔新生地，兩地面積約1200多公頃，皆屬沙質土壤；以海產養殖為主，其中蛤蜊養殖佔95%以上；故此處也是全台蛤蜊主要產地，有「文蛤故鄉」之美名。

嚴選食材小撇步

新鮮的蛤蜊，外殼表面黝黑明亮、光滑，開口部顏色較淺，表示其生長迅速且肥美。購買時，可用蛤殼對蛤殼輕敲，活的蛤蜊聲音清脆、質地堅實，不新鮮的蛤蜊，聲音則是悶悶的。

省很大！剩餘食材再利用~巧達蛤蜊濃湯

作法：蛤蜊200克以電鍋蒸20分鐘，取出後濾出蛤蜊湯汁備用；取一顆馬鈴薯削皮切丁後，放入滾水中煮熟；另燒一鍋水，放入馬鈴薯丁、蛤蜊肉、蛤蜊醬和2大匙鮮奶油煮至濃稠，以鹽和黑胡椒調味即完成。

蛤蜊醬method 上述的蛤蜊湯汁拌入1大匙檸檬汁、1小匙蒜泥、2大匙糖和少許辣醬油、鹽，再加入100克的奶油乳酪拌勻即可。

換個食材素素看 左頁食譜中可用秀珍菇代替蛤蜊，秀珍菇帶有淡淡的鮮味，與海帶清燉後，能帶出鮮美的菇香，為湯頭增添風味；食譜中的蔥花拿掉，改以芹菜末提味即完成。

獨特的小吃攤風味

南瓜肉丸米粉湯

40分鐘

1人份

約45元

蔬菜和肉的完美結合，煮出料多實在的米粉湯…

食材：

豬絞肉 50克（約半碗）
南瓜 20克（約1小塊）
綠花椰菜 20克（約5小朵）
米粉 3克（約1小把）
薑末、太白粉 適量
鹽 適量
白胡椒粉 適量

作法：

1. 將南瓜洗淨後，削皮切丁，與絞肉混合後，以薑末、白胡椒粉、鹽和太白粉抓醃調味，並捏整出數顆肉丸狀備用。
2. 美食鍋加水煮滾後，放入米粉汆燙，變軟後，將米粉剪成小段備用。
3. 美食鍋中放三碗水煮滾，放入肉丸和綠花椰菜燉煮20分鐘，再放入米粉以中低溫續煮10分鐘，以鹽調味後即完成。

食在好源頭 米粉

台灣最著名的米粉產地位於新竹，而米粉的製造技術則由中國大陸福建地區傳入，由於新竹地區經年強風，獨特的氣候環境非常適合製造米粉，因而逐漸發展成地方性的特產。新竹地區在稻作收穫季節過後的10月到12月間盛吹東北季風，由於此時期降雨量少、風勢強，故適合日曬米粉，故此時也是出產米粉品質最好的季節。

許多標榜純米製作的米粉，其實是以玉米澱粉為主原料；因純米製作的米粉耗時費工，故產量日益稀少；玉米澱粉製作的米粉顏色較純白，純米製的米粉則偏米白；消費者應選購符合標示產品。

省很大！剩餘食材再利用~南瓜炒米粉

作法： 米粉用開水泡軟；南瓜洗淨後，削皮切絲備用；將數朵乾香菇以開水泡發，切除蒂頭並切絲；切適量火腿絲、芹菜末和蔥花備用。取一炒鍋，加適量沙拉油後，爆香香菇絲，並放入火腿絲一併拌炒，加入醬油膏、白胡椒粉和鹽調味；南瓜絲下鍋炒勻，加適量開水煮滾後，放入米粉拌炒，米粉會將水分漸漸吸乾，炒勻後加入芹菜末即完成。

換個食材素素看

左頁食譜中可用壓碎的傳統豆腐代替絞肉做成素丸子，將豆腐抓碎後，瀝乾水分，混合南瓜丁、太白粉、香菇粉，以白胡椒粉和鹽調味後，捏整成丸子狀即完成。（也可將南瓜蒸熟壓成泥再與豆腐混合）

酸甜豐盛的海鮮料理

豐富海鮮！

番茄蟹肉燴魚片

40分鐘

1人份

約80元

鮮甜魚片和蟹肉，與茄汁燴煮出酸甜美味…

食材：

鯛魚片 50克（約半片）
螃蟹 200克（約1隻）
小黃瓜 20克（約1/3條）
番茄醬 30克（約2大匙）
薑 適量
鹽 適量

作法：

1. 將鯛魚片切成數小片；小黃瓜洗淨後，切成薄片備用。
2. 美食鍋加水煮滾後，將切好的薑片放入鍋裡，再把螃蟹以滾水沸煮約15分鐘，煮熟後放涼，剪開蟹殼取蟹肉盛盤備用。
3. 美食鍋中放兩碗水煮滾，倒進鯛魚片、番茄醬和小黃瓜片燉煮20分鐘，煮至醬汁較濃稠後，以適量鹽調味，撈起置於蟹肉上，再擠入適量番茄醬即完成。

食在好源頭 螃蟹

蟹類在海水由暖轉涼的秋冬時節，會開始儲存能量準備過冬，這時的母蟹蟹黃及公蟹蟹膏會比平常豐富，蟹肉也是最飽滿的時候。位於基隆、新竹、南方澳和澎湖等漁港，捕撈到的蟹類主要為處女蟳、紅蟳、花蟹和三點蟹。每年中秋節之後就是品嚐秋蟹最好的時間點，雌蟹的蟹黃豐腴，雄蟹肉質肥碩鮮嫩，其蟹膏香味濃郁，兩者皆各有風味。

公蟹的肉較為結實，其腹部的腹臍是長尖的三角形；母蟹的腹臍是偏圓形。此外，應選蟹腳完整、飽滿，沒有殘肢為佳，而且活動力要強，挑選海蟹以腹部潔白者，品質較佳。

省很大！剩餘食材再利用~清蒸螃蟹佐薑醋

作法：購買回家的新鮮螃蟹，先以牙刷將蟹腳和蟹身刷洗乾淨，淋上適量米酒，佐少許薑片後，放入電鍋蒸15～20分鐘即熟透，蒸好的螃蟹佐薑醋食用即完成。

薑醋method 取白醋2大匙、檸檬汁1大匙、蜂蜜1大匙、薑泥0.5大匙均勻混合後即完成。（檸檬汁可換成金桔汁）

換個食材素素看

左頁食譜中可用素魚排和素蟹肉代替螃蟹和鯛魚片，將素魚排切和素蟹肉切成大小差不多的長條狀備用；取一油鍋切適量薑片爆香後，素魚排和素蟹肉下鍋拌炒，再以番茄醬和鹽調味後即完成。

鹹甜合一的醬燒料理

栗子雞煲

鬆軟的栗子與新鮮雞肉，醬燒出鹹甜滋味⋯

食材：

雞肉 80克(約1碗)
栗子(去殼) 30克(約10顆)
紹興酒 15ml(約1大匙)
油、蔥段、薑片 適量
鹽、白胡椒粉 適量
糖、醬油膏 適量

作法：

1. 將雞肉切成小塊，美食鍋加水煮滾後，汆燙雞肉，並將血水倒掉。
2. 美食鍋加少許油，以中低溫爆香蔥段和薑片後，加三碗水、醬油膏和糖煮滾，再放入栗子和雞肉燜煮30分鐘。
3. 起鍋前，以紹興酒、鹽和白胡椒粉調味後，續煮5分鐘即完成。

食在好源頭 栗子

嘉義縣中埔鄉所產的栗子，果實飽滿肥美，且色澤誘人，產期在每年的8月至10月，果肉金黃香甜是其特色，比大陸板栗更加香甜好吃。中埔鄉栗子產地主要集中在社口村內埔地區，面積約40公頃，為全省栗子最主要的產地之一。農友們為提升種植技術與品質，更成立栗子產銷班，出產品質優良的栗子，常吸引行家前來購買。

嚴選食材小撇步

栗子應挑選外殼呈咖啡色，且顆粒有光澤的為佳；此外，栗子的尾端有絨毛，絨毛越多表示越新鮮。顏色太深或太黑的栗子表示不新鮮，可用手捏栗子，若感覺如空殼，則表示果肉乾癟或脫水。

省很大！剩餘食材再利用~糖炒栗子

作法： 將買來的1斤栗子洗乾淨後瀝乾水分，並用刀在表皮劃一刀切口；在乾淨的鍋中倒入1斤海鹽和栗子，以中火慢慢加熱；用鏟子一邊翻炒，使栗子受熱均勻；翻炒後，栗子的切口會略為裂開，此時可加速翻炒，使黏在殼上的鹽粒脫離；加入10克的砂糖，加快翻炒速度，以免燒焦；炒至顏色變深、砂糖焦化、海鹽轉為深咖啡色，且不沾黏栗子後，關火燜5分鐘即完成。

換個食材素素看

左頁食譜中可用杏鮑菇和馬鈴薯代替雞肉，將杏鮑菇和馬鈴薯切成滾刀塊，以滾水汆燙後，放入油鍋，加入薑片炒香後，再加水煮滾，放進醬油膏、砂糖、白胡椒粉和鹽調味後，撒上香菜末即完成。

巴蜀海陸麻辣燙

食材：

高麗菜 30克（約8葉）
豬肉片 80克（約1碗）
豆皮 5克（約1片）
黑木耳 30克（約半碗）
豆瓣醬 30ml（約2大匙）
滷包 30克（約1包）
辣椒、花椒 適量
薑、鹽、糖 適量

作法：

1. 美食鍋加水至六分滿，以高溫煮滾後，放入滷包、豆瓣醬、辣椒、花椒和薑燜煮約10分鐘。
2. 豆皮切成數片；洗淨後的高麗菜撕成小片，連同豬肉片、黑木耳和豆皮放入鍋中煮滾。
3. 以中低溫煮約15分鐘，以鹽和糖調味後即完成。

食在好源頭

高麗菜

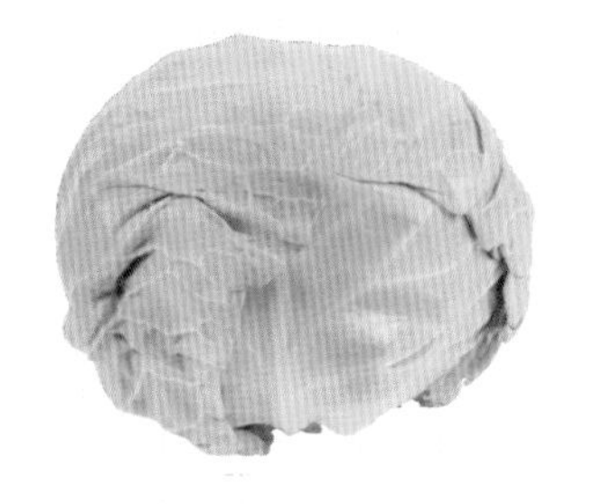

高麗菜又稱甘藍，其原產地在地中海沿岸、南歐及小亞細亞，於唐代時傳入中國。它是十字花科的溫帶植物，秋、冬、春是其生產期，在台灣夏季吃到的高麗菜，大多是來自梨山及其他高冷地區種植生產的。高麗菜無論用於涼拌、炒、煮，或做成泡菜皆適宜，尤其在冬季栽培之高麗菜，價格便宜、美味，可多加選購。

外表翠綠的高麗菜較為鮮甜可口，久放的高麗菜會變得比較白，口感較差；此外，高麗菜的底部應白皙，若底部泛黃或發黑，且葉片有裂痕，表示已存放太久、不新鮮。

省很大！剩餘食材再利用~干貝醬炒高麗菜

作法： 高麗菜洗淨切片；蒜頭與紅蘿蔔切薄片備用；熱油鍋後，放入蒜片爆香，再放進高麗菜和紅蘿蔔以大火拌炒，炒至快熟之時，加1大匙干貝醬和鹽調味後即完成。

干貝醬method 干貝洗淨後以電鍋蒸熟，用手撕碎；起一油鍋，炒香蒜末、紅蔥頭和蝦皮，再放入干貝絲，加糖、蠔油和辣椒醬調味即可。

換個食材素素看

左頁食譜中可用菇類和其他蔬菜代替豬肉片，如鴻喜菇、鮮香菇、青江菜、茼蒿、大白菜等，切成適當大小後，放入麻辣湯頭中滾煮至入味即完成。（也可加其他素料或豆製品放入鍋中滾煮）

蘿蔔牛腩麵

冰糖麥芽粥

蔬菜蒟蒻麵

不管是早、午、晚餐，都不用外出買到一身汗，

也無須排隊排到一肚子火，

就讓燜燒杯和美食鍋成為你的二合一料理神器，

燜燒杯隨身帶著煮，美食鍋以備不時之需，

就能不疾不徐，

悠哉準備你的點心或正餐。

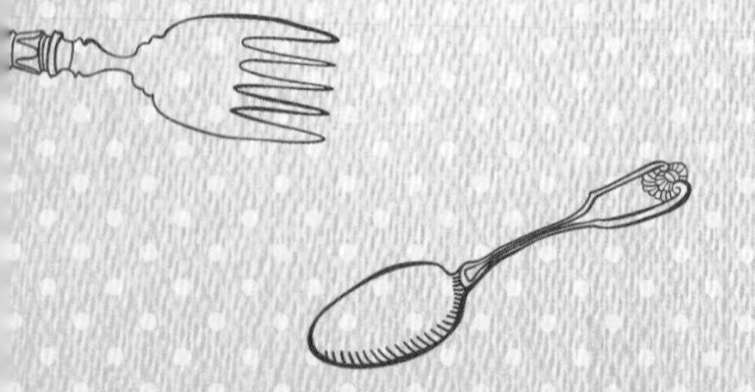

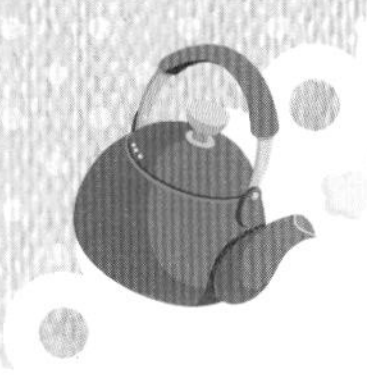

附錄

燜燒杯×美食鍋7日懶人料理！雙重美味更升級！

不用外出人擠人買便當買到大粒汗小粒汗，
住家或辦公室隨時快易煮～

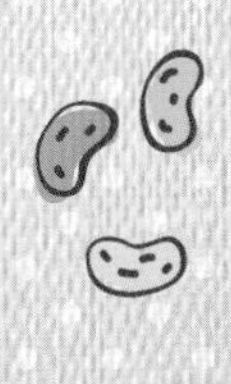
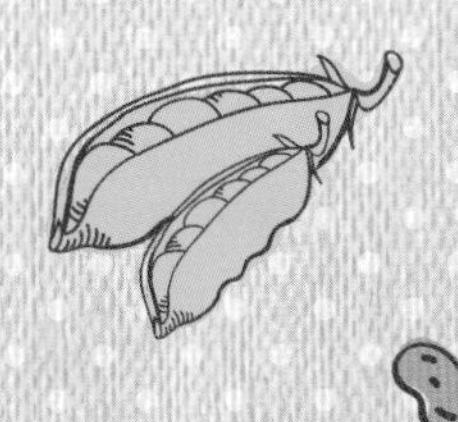

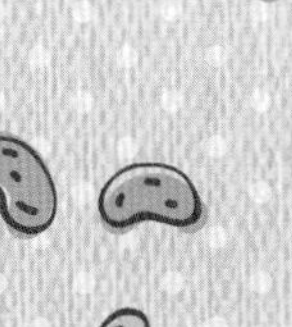

紫菜蛋花湯+南瓜燒肉飯糰

紫菜蛋花湯

食材

紫菜 30克(約1/3碗)
雞蛋 30克(約1顆)
蔥 適量
鹽 適量
白胡椒粉 適量

作法

1. 紫菜以清水洗淨表面雜質後，將水分瀝乾備用；蔥切成蔥花備用。
2. 在燜燒杯中注入100ml的熱水，靜置1分鐘後倒掉。
3. 將紫菜和打散後的蛋液放入350ml容量的燜燒杯中，注入熱水至水位線或內蓋下方1公分處，拴緊上蓋，燜30分鐘後，以適量的鹽和白胡椒粉調味，撒上蔥花即完成。

南瓜燒肉飯糰

食材

南瓜 30克(約1/3碗)
白飯 200克(約1碗)
海苔 5克(約5小片)
里肌肉片 80克(約手掌大)
醬油 30ml(約2大匙)
蒜頭 5克(約2瓣)
砂糖 5克(約1小匙)
白胡椒粉 適量

作法

1. 蒜頭切末後備用；醬油混合砂糖和白胡椒粉作為醃料，放入里肌肉片醃製10分鐘。
2. 南瓜削皮去籽後，切成小塊狀，以美食鍋蒸熟，趁熱拌入白飯中，放涼備用。
3. 醃製好的肉片連同醃料放入美食鍋中煮熟，並切成方便入口的大小。
4. 手沾點水可避免飯粒沾黏，取拌好放涼的南瓜飯，以手捏成丸狀的小飯糰，並在飯糰外捲上海苔片，再放上肉片即完成。

綠豆薏仁湯+紫蘇牛蒡飯糰

綠豆薏仁湯

食材

綠豆 10克(約2小匙)
薏仁 10克(約2小匙)
糖 10克(約2小匙)

作法

1. 綠豆和薏仁洗淨後，分別泡水一晚（約8～9小時）。
2. 綠豆和薏仁混合後，放入350ml的燜燒杯中，注入熱水淹蓋過豆子，稍微搖晃燜燒杯使其受熱均勻，並靜置3分鐘後倒掉水分，重複熱杯3次。
3. 重新注入熱水至水位線或內蓋下方1公分處，拴緊上蓋，燜3小時，以糖調味後即完成。

紫蘇牛蒡飯糰

食材

牛蒡 30克(約1/3碗)
白飯 200克(約1碗)
海苔 1克(約1小片)
日式醬油 30ml(約2大匙)
蜂蜜 5ml(約1小匙)
麻油 5ml(約1小匙)
黑芝麻 5克(約1小匙)
紫蘇葉 1克(約1片)

作法

1. 將牛蒡洗淨削皮後刨絲，在美食鍋中放水以高溫煮滾後，放入牛蒡絲汆燙10分鐘，撈起瀝乾後放涼，再拌入日式醬油、麻油、蜂蜜、黑芝麻和切絲的紫蘇葉備用。
2. 將海苔剪成碎末備用；在手上沾點水防止飯粒沾黏，以手捏取適量白飯，包入拌好的紫蘇牛蒡絲，並將白飯捏整成丸狀。
3. 在捏好的數個飯糰上，放上適量海苔碎末即完成。

火腿芥菜湯+海苔燒肉飯糰

火腿芥菜湯

30分鐘　1人份　約30元

食材

芥菜 20克(約1碗)　薑片 適量
金華火腿 10克(約1小塊)　鹽 適量

作法

1. 芥菜以清水洗淨後切小段；金華火腿切成小片備用。
2. 芥菜放入500ml容量燜燒杯中，注入熱水淹蓋菜葉，稍微搖晃燜燒杯使其受熱均勻，並靜置3分鐘後倒掉水分。
3. 加入薑片和金華火腿，重新注入熱水至水位線或內蓋下方1公分處，拴緊上蓋，燜30分鐘，以鹽調味後即完成。

海苔燒肉飯糰

30分鐘　1人份　約20元

食材

糙米飯 200克(約1碗)　豬里肌肉 50克(約1片)
海苔 3克(約3小片)　蒜頭 5克(約3瓣)
日式醬油 30ml(約2大匙)　糖 5克(約1小匙)

作法

1. 蒜頭切成蒜末備用；將豬里肌肉分切成小片，以日式醬油、蒜末和糖混合成醃料，放入里肌肉醃製10分鐘。
2. 美食鍋中放入1碗水，將里肌肉煮10～15分鐘至熟透後，取出放涼。
3. 在手上沾點水防止飯粒沾黏，以手捏取適量糙米飯，捏整成橢圓狀，在數個飯糰外裹上海苔，並各放上1小片里肌肉即完成。

油菜豬肉湯+地瓜紫米甜飯糰

油菜豬肉湯

油菜 30克(約1碗)
豬肉 25克(約1小塊)
薑片 適量
鹽 適量

1. 油菜以清水洗淨後切小段；豬肉切成小片備用。
2. 豬肉放入500ml容量的燜燒杯中，注入熱水淹蓋豬肉，稍微搖晃燜燒杯使其受熱均勻，並靜置30秒後倒掉水分；再放入油菜、薑片，並注入熱水至淹沒油菜，以筷子攪拌使食材均勻受熱後，濾出水分。
3. 重新注入熱水至水位線或內蓋下方1公分處，拴緊上蓋燜40分鐘，以鹽調味後即可。

地瓜紫米甜飯糰

食材

紫米飯 200克(約1碗)
海苔 3克(約3小片)
地瓜 30克(約1/2條)
葡萄乾 5克(約10顆)
白醋 10ml(約2小匙)
砂糖 5克(約1小匙)

1. 白醋與砂糖混合後，趁熱拌入紫米飯中，放涼備用。
2. 美食鍋中放入蒸架和3碗水，將地瓜洗淨削皮後切小塊，放入鍋中蒸15～20分鐘熟透後壓成泥，放涼後，拌入葡萄乾備用。
3. 在手上沾點水防止飯粒沾黏，以手捏取適量紫米飯，包入適量的葡萄乾地瓜泥，捏整成橢圓狀，在飯糰外裹上海苔片即完成。

冰糖麥芽粥+蔬菜蒟蒻湯麵

冰糖麥芽粥

食材

糯米 15克(約1大匙)　薏仁 5克(約1小匙)
大麥芽 15克(約1大匙)　冰糖 10克(約2小匙)

作法

1. 將糯米、大麥芽和薏仁均勻混合後，以清水淘洗乾淨，浸泡水中一晚（約8～9小時）後瀝乾。
2. 將糯米、大麥芽和薏仁放入燜燒杯中，注入熱水淹沒之，稍微搖晃燜燒杯使其受熱均勻，並靜置3分鐘後濾掉水分，重複熱杯3次。
3. 重新注入熱水至水位線或內蓋下方1公分處，拴緊上蓋燜3小時後，以冰糖調味即完成。

蔬菜蒟蒻湯麵

食材

蒟蒻麵 120克(約1碗)　莧菜 20克(約1小把)
鴻喜菇 30克(約1/2碗)　香菇粉 5克(約1小匙)
紅蘿蔔 30克(約1/3條)　麻油 5ml(約1小匙)
白蘿蔔 20克(約1小塊)　鹽 適量

作法

1. 紅、白蘿蔔洗淨削皮後切成長條狀；鴻喜菇洗淨後切除根部；莧菜洗淨後切除根部，切小段備用；蒟蒻麵以清水沖洗後瀝乾備用。
2. 美食鍋中加水煮滾，將紅、白蘿蔔絲下鍋煮約10分鐘，再放入鴻喜菇和蒟蒻麵煮約10分鐘。
3. 起鍋前，放入莧菜，以香菇粉、麻油和鹽調味後即完成。

香甜薏杏湯+老北京炸醬麵

香甜薏杏湯

食材

薏仁 15克（約1大匙）　糖 5克（約1小匙）
杏仁粉 5克（約1小匙）

作法

1. 薏仁以清水淘洗乾淨後，浸泡水中一晚（約8～9小時）並瀝乾。
2. 將薏仁放入350ml容量的燜燒杯中，注入熱水淹沒之，稍微搖晃燜燒杯使其受熱均勻，並靜置3分鐘後濾掉水分，重複3次。
3. 重新注入熱水至水位線或內蓋下方1公分處，拴緊上蓋，燜3小時後，加入杏仁粉攪拌均勻，並以糖調味後即完成。

老北京炸醬麵

食材

家常麵條 200克（約1大碗）　芹菜末 5克（約1小匙）
紅心蘿蔔 20克（約1/3碗）　蔥花 5克（約1小匙）
豆芽菜 20克（約1/3碗）　薑片 5克（約3片）
小黃瓜 20克（約1/3碗）　炸醬 30ml（2大匙）
黃豆（熟） 5克（約1小匙）

作法

1. 小黃瓜洗淨後切絲；紅心蘿蔔洗淨，削皮後切絲；豆芽菜洗淨後拔除鬚根。
2. 美食鍋中加水煮滾，豆芽菜下鍋汆燙備用；美食鍋中的水倒掉，重新加水煮滾後，放入家常麵條，水煮約8～10分鐘。
3. 煮好的麵條撈起後，拌入小黃瓜絲、紅心蘿蔔絲、豆芽菜、黃豆、芹菜末、蔥花和薑片，淋上炸醬後拌勻即完成。

蘿蔔牛腩麵+麻辣嗆三絲

蘿蔔牛腩麵

1.5小時 1人份 約30元

食材

牛腩 25克（約1小塊）
紅蘿蔔 10克（約1/5根）
家常麵條 120克（約1碗）
青江菜 5克（約2葉）
高湯粉 5克（約1小匙）
鹽 適量

作法

1. 牛腩和紅蘿蔔切丁；青江菜洗淨備用。
2. 將牛腩放入500ml容量的燜燒杯中，注入熱水並靜置1分鐘後濾掉血水，重複3次後，取出牛腩瀝乾備用。
3. 在燜燒杯中加入家常麵條，注入熱水淹沒以筷子攪拌後，靜置5分鐘，瀝去水分，並重複熱杯3次。
4. 放進所有食材，重新注入熱水至水位線或內蓋下方1公分處，拴緊上蓋燜煮1.5小時後，以高湯粉和鹽調味即可。

麻辣嗆三絲

10分鐘 1人份 約10元

食材

紅蘿蔔 20克（約1/4根）
豆芽菜 20克（約1/3碗）
小黃瓜 20克（約1/3條）
乾辣椒 5克（約3根）
辣油 5ml（1小匙）
鹽、醋 適量

作法

1. 小黃瓜洗淨後刨絲；紅蘿蔔洗淨削皮後切絲；豆芽菜洗淨後，將鬚根拔除。
2. 美食鍋中加水煮滾，豆芽菜下鍋汆燙約1分鐘，撈起放涼；紅蘿蔔下鍋水煮約5分鐘，撈起放涼備用。
3. 切適量乾辣椒，拌入小黃瓜絲、紅蘿蔔絲和豆芽菜，淋上辣油後攪拌均勻，以鹽和醋調味後即完成。

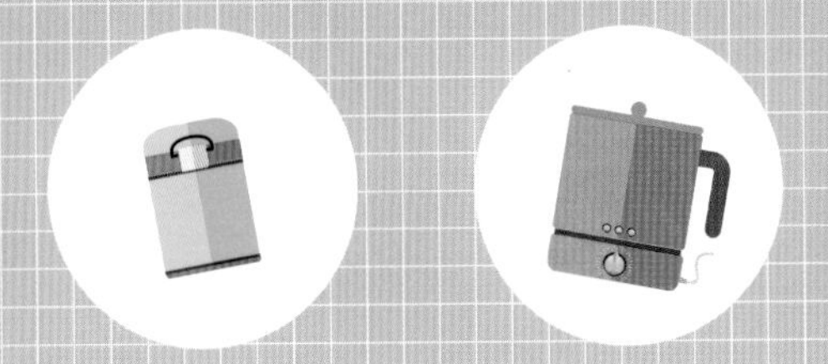

參考資料

本書所使用的美食鍋示意圖，是來自市面上常見品牌的產品圖，

廠牌為晶工和歌林，示意圖僅供讀者參考用，

料理方式和使用指南請依個人購買的美食鍋品牌為主。

國家圖書館出版品預行編目資料

不開火搞定一日三餐：94道省時省力省錢的一人料理 / 張涵茵 著. 初版—新北市中和區：活泉書坊，采舍國際有限公司發行, 2019.08 面；公分；—(Color Life 54)
ISBN 978-986-271-865-0(平裝)

1.食譜

427.1 108009672

不開火搞定一日三餐

94道省時省力省錢的一人料理

出版者 ■ 活泉書坊
作　者 ■ 張涵茵
總編輯 ■ 歐綾纖
文字編輯 ■ 范心瑜
美術設計 ■ Mary

郵撥帳號 ■ 50017206 采舍國際有限公司（郵撥購買，請另付一成郵資）
台灣出版中心 ■ 新北市中和區中山路2段366巷10號10樓
電話 ■ （02）2248-7896　傳真 ■ （02）2248-7758
物流中心 ■ 新北市中和區中山路2段366巷10號3樓
電話 ■ （02）8245-8786　傳真 ■ （02）8245-8718
ISBN ■ 978-986-271-865-0
出版日期 ■ 2019年8月

全球華文市場總代理／采舍國際
地址 ■ 新北市中和區中山路2段366巷10號3樓
電話 ■ （02）8245-8786　傳真 ■ （02）8245-8718

新絲路網路書店
地址 ■ 新北市中和區中山路2段366巷10號10樓
網址 ■ www.silkbook.com
電話 ■ （02）8245-9896　傳真 ■ （02）8245-8819

本書採減碳印製流程，碳足跡追蹤，並使用優質中性紙（Acid & Alkali Free）通過綠色環保認證，最符環保要求。

線上總代理 ■ 全球華文聯合出版平台
主題討論區 ■ http://www.silkbook.com/bookclub　● 新絲路讀書會
紙本書平台 ■ http://www.silkbook.com　● 新絲路網路書店
電子書下載 ■ http://www.book4u.com.tw　● 電子書中心(Acrobat Reader)